Lukas Hottinger

Wenn Steine sprechen

Über die Geologie der Alpen

Birkhäuser Verlag
Basel · Boston · Stuttgart

Warum ist es für so manchen Wissenschafter so viel leichter, einen hochgelehrten Bericht über sein engeres Forschungsthema zu verfassen, als einen grösseren Zusammenhang wissenschaftlicher Erkenntnisse einer weiteren Öffentlichkeit näherzubringen? Der Verzicht auf die gewohnte Fachsprache stellt das kleinere Hindernis dar. Die Auswahl des Wesentlichen aus dem riesigen Arsenal des Wissens ist schwierig, das Weglassen vieler Wenn und Aber eine Gewissensfrage, das notwendige Vereinfachen des Sachverhalts ein wissenschaftlicher Greuel. Wir müssen uns aber bewusst sein, dass eine wissenschaftliche Erkenntnis erst dann wirklich errungen ist, wenn auch die weitere Öffentlichkeit daran teilhaben und ihre Bedeutung ermessen kann.

ISBN 3-7643-1094-4
Umschlaggestaltung und Typografie: Albert Gomm swb/asg, Basel
Gesamtherstellung: Birkhäuser AG, Graphisches Unternehmen, Basel

CIP-Kurztitelaufnahme der Deutschen Bibliothek
Hottinger, Lukas:
Wenn Steine sprechen: über d. Geologie d. Alpen / Lukas Hottinger. – Basel, Boston, Stuttgart: Birkhäuser, 1980.

Lieber Leser,

haben Sie die Fernsehfilme, zu denen dieses Büchlein geschrieben wurde, nicht gesehen? Das ist nicht weiter schlimm, im Gegenteil. Die Berge in den Alpen, von denen hier die Rede ist, die Gesteine, die Versteinerungen und Kristalle, sie alle sind eindrücklicher und schöner in der Natur selbst als auf dem Bildschirm. Die Berge, auch wenn sie nicht ewig sind, kennen keinen Sendetermin; sie sind immer da, wenn Sie an einem warmen Sommertag über die Alpenweiden wandern oder wenn Sie im scharfen Licht der Wintersonne über die verschneiten Gipfel blicken.

Die Alpen, aus dem Zusammenstoss zweier Kontinente entstanden, die Berge, während Jahrmillionen aufgetürmt und wieder abgetragen, und die Steine, mit sonderbaren Mustern in der Sonne glitzernd, erzählen eine Geschichte, die gewiss ebenso spannend und geheimnisvoll ist wie das moderne Märchen vom Bermuda-Dreieck. Der Wahrheitsbeweis unserer Geschichte von Steinen und Gebirgen liegt in der Natur selbst, die sich dem eröffnet, der ihre Sprache versteht und ihre Zeichen zu lesen weiss. Das Erlernen jeder Fremdsprache, auch der Sprache der Steine, verlangt eine vieljährige Anstrengung und konsequentes Üben, bis der Dialog mit der Natur möglich wird und der Wahrheitsgehalt der Geschichte erfahren werden kann. Darin unterscheidet sich die Wissenschaft vom Märchen.

Dieses Büchlein soll nicht nur die von den Wissenschaftern in rund hundert Jahren erarbeiteten Erkenntnisse über die Bedeutung der Gesteine und über die Entstehung der Alpen nacherzählen, es soll auch zeigen, welche allgemeineren Überlegungen die Wissenschaft dazu führt, Bilder der erdgeschichtlichen Ereignisse zu entwerfen und als ‹wahr› zu betrachten, die unserer unmittelbaren Erfahrung widersprechen: So wird aus den Bergen, aus dem Symbol des Ewigen, Unverrückbaren, ein Gebirge, das sich aus Ozeanen erhebt und wieder vergeht, ein Gebilde mit einer wechselvollen, dramatischen Geschichte, die sich in unvorstellbar langen Zeiträumen abspielt.

Die Alpen, und gerade die Schweizer Alpen, werden hier als Beispiel einer Gebirgskette herangezogen, nicht, weil der Autor dieses Büchleins selbst ein Schweizer ist, sondern weil in den Schweizer Alpen das Herz des Gebirges von der Abtragung freigelegt und zugänglich gemacht wurde bis in grössere Tiefen hinunter, als das in allen andern alpinen Gebirgen der Fall ist. Ausserdem sind die zentralen Abschnitte des Alpenbogens die bestuntersuchten Gebirge der Welt. Die Sprache der Steine und der Berge ist hier am vollständigsten entziffert, ihre Geschichte am genauesten bekannt. Hunderte von Büchern, Tausende von Artikeln haben die Erdwissenschafter über die Alpen geschrieben. Auch eine vereinfachende Erklärung, was die Gesteine jedes einzelnen Berges der Alpen bedeuten, würde viele dicke Bände füllen. So kann es nicht Aufgabe dieses Büchleins sein, dem Alpenwanderer jeden Stein zu deuten und jede Aussicht zu erklären. Dafür gibt es Exkursionsführer, die in der Literaturliste aufgeführt und kommentiert werden. Eine Vorstellung aber, und sei sie noch so vereinfacht und ungenau, von dem, was die Steine am Weg bedeuten und wie die Alpen als Gebirge entstanden sind, vertieft unser Gefühl für die Schönheit und Majestät der Bergwelt über das Erlebnis des Touristen hinaus, der auf seiner Wanderung durch die Berge seine Postkarten- und Schokoladebilder-Vorstellung der Alpen an der Wirklichkeit der Natur misst.

Als Erdwissenschafter sind wir heute in eine ganz besonders interessante Zeit hineingeboren. Bedeutende technische Erfindungen seit dem Zweiten Weltkrieg auf dem Gebiet der Elektronik, der Seismik (Nutzung von Erdbebenwellen zur Durchleuchtung des Erdinnern) und der künstlichen Erdsatelliten haben in den letzten Jahrzehnten zu neuen, ungeahnten Erkenntnissen über den Untergrund und damit über die noch junge Geschichte der Ozeane geführt. Sie erlauben, die Entstehung von Gebirgen mit dem heute im Gang befindlichen Werden der Ozeane in Zusammenhang zu bringen. Damit schliesst sich die erdgeschichtliche Vergangenheit trotz ihren grossen Zeiträumen unmittelbar an die von uns miterlebte Gegenwart an. Was wir heute als Bewegung der Erdkruste erleben und messen können, ist Mechanismus der Gebirgsbildung und verhilft uns zu einem neuen, vertieften Verständnis für die Welt, in der wir leben.

halt

Der zerbrochene Altkontinent bildet als Unterlage der Ablagerungsgesteine den Sockel des alpinen Gebirges. Er besteht grösstenteils aus kristallinen Gesteinen, die durch eine ältere, voralpine Gebirgsbildung geprägt sind. Während der späteren, alpinen Gebirgsbildung geraten die Sockelgesteine ein zweites Mal in die Bereiche erhöhter Temperaturen und Drücke und werden, zusammen mit Ablagerungsgesteinen aus dem alpinen Ozean, nach den Gesetzen der Tiefe umgewandelt. Erst nach der Gebirgsbildung entstehen die berühmten Mineralien der Alpen in Klüften und Spalten. Ihre Verteilung zeichnet den Bau des Gebirges nach.

Die Berge der Alpen entstehen erst nach der Gebirgsbildung durch eine Hebung des Gebirgskörpers über Meereshöhe. Eine erste Abtragung liefern die Gesteine der Molasse im Alpenvorland. Diese werden in die letzte Phase der Gebirgsbildung einbezogen und geraten unter den Alpennordrand. Die alpine Landschaft wird aber erst später durch die Wirkung der Gletscher während der Eiszeiten geprägt und vom Wasser bis heute ausgestaltet.

Die Geologen haben die Sprache der Steine in den Alpen zumindest in ihren Grundzügen richtig verstanden, denn Werden und Vergehen eines Ozeans bestimmen nicht nur die Geschichte der Alpen. Auch heute entsteht und vergeht Ozeanboden. Die Entstehung der Spuren dieser Vorgänge im Gestein verfolgen wir in den heutigen Ozeanen und vergleichen sie mit den Spuren, welche die gleichen Vorgänge im Gestein der Alpen hinterlassen haben.
Eine Voraussetzung für die Erforschung der Ozeanböden sind moderne Messmethoden und Bohrtechniken. Neuer Ozeanboden entsteht heute in den mittelozeanischen Rücken, alter Ozeanboden verschwindet entlang Tiefseegräben unter die Sockel der Kontinente und verursacht tiefliegende Erdbeben. Die Entstehungsgeschichte der Ozeanböden erlaubt, die Verschiebung der Kontinente im Lauf der Erdgeschichte abzuschätzen. Die Beträge der Verschiebung bemessen den Raum, der für den alpinen Ozean zur Verfügung stand. Das Werden und Vergehen von Gebirgen und Ozeanen ist auf gemeinsame Kräfte zurückzuführen, welche die Bewegungen des Plattenmosaiks der Erdkruste ständig am Leben erhalten.

1
Bernhard Studer, † 1884,
Geologieprofessor in Bern

Das ABC der Steinsprache

2
Arnold Escher, † 1872,
Geologieprofessor in Zürich

Eine zusammenhängende Entzifferung der Zeichen im
Gestein ist etwa hundert Jahre alt. Bernhard Studer und 1
Arnold Escher von der Linth haben eine erste Übersicht der
geologischen Geschichte und des geologischen Baus des 2
zentralen Alpenraums vorgelegt. Sie haben damit bewiesen, dass sich die Zeichen im Gestein sinnvoll deuten lassen, dass die Sprache der Steine eine zusammenhängende Geschichte erzählt. Mit einer ersten geologischen Karte haben sie den Grundstein gelegt zu dem erdwissenschaftlichen Lehrgebäude über Bau und Entstehung der Alpen, an dem wir auch heute noch weiterbauen.

Die Buchstaben, die eigentlichen Elemente der erdgeschichtlichen Zeichensprache, sind die Eigenschaften des einzelnen Steins. In einer Kiesgrube tritt uns die Vielfalt der zusammengeschwemmten Kieselsteine am deutlichsten entgegen. Hunderte von verschiedenen Gesteinstypen kann
der Geologe unterscheiden, ein Alphabet, das deutlich 3
komplizierter ist als unser ABC.

3
Zusammengeschwemmte Kieselsteine in einer Kiesgrube, eine Musterpalette verschiedener Gesteinstypen

Kristalle bauen Steine auf

Auffällig sind zunächst Steine, die aus deutlich sichtbaren Kristallen zusammengesetzt sind. Sie stammen meist aus den Tiefen der Erdkruste und sind zum Teil entstanden aus glutflüssigen Schmelzen des Erdinnern, die langsam abkühlten und erstarrten. Die Zusammensetzung des Gesteins aus Mineralen, kristallisierten chemischen Verbindungen, gibt nicht nur Hinweise auf die Eigenschaften der Schmelze, aus der das Gestein stammt, sondern spiegelt auch die Bedingungen während der Erstarrung des Gesteins und liefert damit Auskünfte über die Geschichte des Materials, das den grössten Teil der Erdkruste bildet. Bei den meisten Mineralarten, die solche Gesteine aufbauen, spielt das Element Silizium eine bedeutende Rolle. Man spricht deshalb auch von Silikatgesteinen.

10 Bei der Bildung des Gesteins behindern sich die Kristalle in
ihrem Wachstum gegenseitig. Deshalb sind sie klein und
unansehnlich im Vergleich zu Kristallen, die frei in einer
8 Felsspalte wachsen konnten. Die Anordnung der Moleküle
im Kristallgitter ist aber für jedes Mineral gleich, ob dieses
6 nun in einem massigen Gestein als kleiner, kristallisierter
7 Baustein oder auf einer Spalte als ausgewachsener Kristall
9 in Erscheinung tritt. Die Art der Anordnung der Atome im
Kristallgitter beeinflusst viele Eigenschaften eines Minerals. So hängt zum Beispiel die blätterige Natur des Minerals
15 Glimmer damit zusammen, dass auch das Kristallgitter
schichtweise aufgebaut ist.

Grössere Kristalle im Gestein, wie etwa die grossen, rechtek-
13 kigen Feldspäte im Granit, können schon in der Schmelze gewachsen sein und schwammen dann wie Brotwürfel in einer Suppe. Durch ihr Wachstum haben sie der Restschmelze bestimmte Substanzen entzogen und diese damit chemisch verändert. Unter Umständen sind sie in der Schmelze abgesunken und haben sich in der Tiefe angereichert. So erzählen auch Grösse und Form der Kristalle im Gestein von bestimmten Vorgängen in der Tiefe der Erdkruste.

In Vulkanen kommen glutflüssige Schmelzen an die Oberflä-
5 che der Erde und kühlen sich schockartig ab. Die Kristalle haben dann nur wenig oder keine Zeit mehr zu wachsen, bevor die Schmelze erstarrt. So entstehen viele Silikatgesteine, auf deren Bruchfläche keine Kristalle sichtbar werden. Auf diese Weise entsteht auch Fenster- und Flaschenglas aus silikatischen Schmelzen.

Wasserdampf, Kohlensäure und andere Gase sind oft in den Schmelzen gelöst wie Kohlensäure im Bier. Verringert sich der Druck plötzlich, so entsteht Schaum. Schaumsteine
kennen wir unter dem Namen Bimsstein. Sie sind nichts 4
anderes als ein Schaum aus erstarrtem vulkanischem Glas, in dem Tausende kleiner Gasblasen eingeschlossen sind. Solche Steine schwimmen auf dem Wasser. Auch viele schwerere Lavatypen enthalten grössere oder kleinere Blasen, die ihr oft ruppiges Aussehen bestimmen. Das gelöste Gas in den Schmelzen ist dafür verantwortlich, dass viele Vulkanausbrüche so explosiv und gefährlich sind.

4
Gasblasen des Bimssteins, Raster-Elektronenmikroskop, ×600

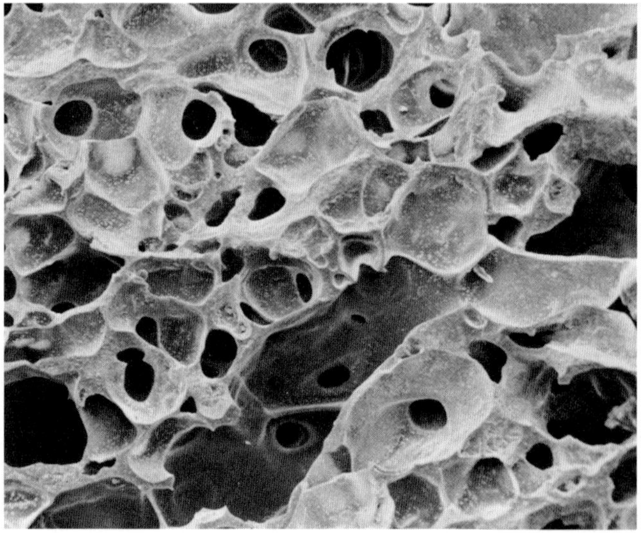

5
Vulkanisches Glas, etwa ⅛ nat. Grösse

6
Ein Silizium- und vier Sauerstoff-Atome bilden zusammen …

7
… ein Tetraeder, Baustein der Substanz Quarz …

8
… kristallisiert als Bergkristall

9
Anordnung der Tetraeder im Bergkristall. Modell. Mineralogisches Institut Basel

10
Kristalle im Gestein behindern sich gegenseitig in ihrem Wachstum. Dünnschliff im polarisierten Licht, etwa ×50

6

7

9

5

8

10

11
Feldspatkristall, frei
12
Feldspatgitter (Anordnung der Atome im Kristall)
13 >
Feldspatkristall im Granit

11

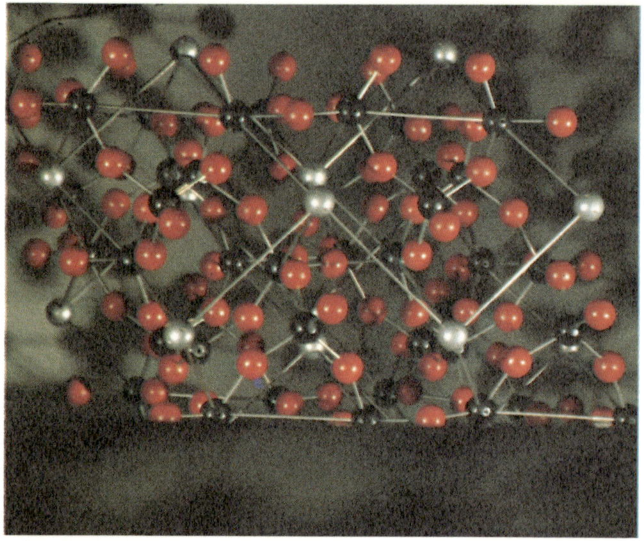

12

14
Glimmerkristalle
15
Glimmerkristallgitter
16 >
Glimmerkristalle in kristallinem Schiefer

14

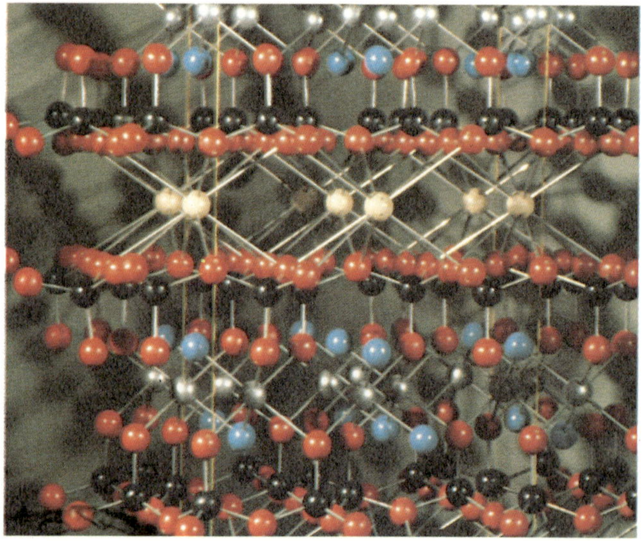

15

13

17

16

18

17
Steinsalz und Kalisalz, etwa ¼ nat. Grösse
18
Gipskristall, etwa ¼ nat. Grösse

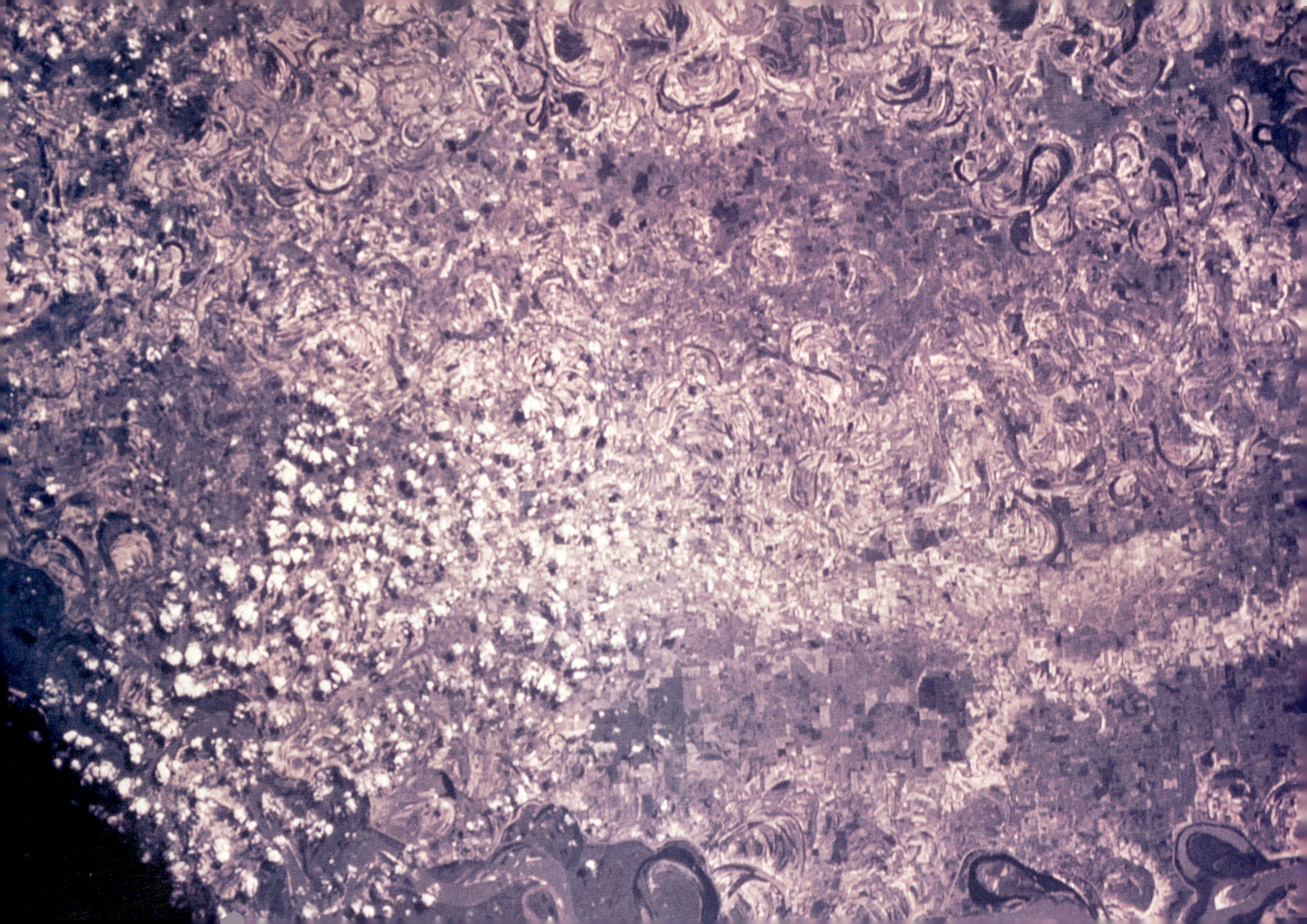

Ablagerungen werden zu Stein

19 Wind und Wetter spalten und zersetzen die kristallinen Gesteine so lange, bis nur noch Trümmer übrigbleiben. Diese werden letztlich in stehende Gewässer oder ins Meer verfrachtet und sinken dort auf den Grund ab, zusammen mit den Überresten abgestorbener Organismen. Die Ablagerungen (man spricht auch von Sedimenten) verhärten früher oder später und werden in einem ewigen Kreislauf wieder zu Stein.

Wo Flüsse ins Meer münden und Produkte der Abtragung herbeiführen, wird der Anteil der Gesteinstrümmer, Kies, Sand und Ton, in den Ablagerungen überwiegen (man spricht von klastischer Sedimentation). In einem bestimmten Zeitraum wird sich viel Sediment ablagern und oft Deltas bilden. Wo wenig Material vom Land in den Ablagerungsraum zugeführt wird, in weiter Entfernung von Flussmündungen, wo Wüstengebiete die Küste bilden oder hinter Schranken, die die Zufuhr aufhalten, überwiegt der Anteil an Überresten abgestorbener Organismen. Solche Ablagerungsgesteine bestehen dann zum grössten Teil aus Schalen von Organismen aller Art oder deren Trümmern, die sich, im Vergleich zu einem Delta, nur langsam anhäufen. Aus solchen Ablagerungen entstehen meist Kalksteine, deren Aufbau aus Hartteilen von Lebewesen für geologische Zeiträume sichtbar bleibt.

19
Infrarot-Satellitenbild einer Ebene, die durch mäandrierende Flüsse aufgeschwemmt wurde. NASA 1969

Ablagerungsgesteine verraten ihre Herkunft und ihre Geschichte weniger durch ihre oft eintönige chemische Zusammensetzung als durch die Form und Anordnung der Trümmer, aus denen sie aufgebaut sind, und durch die Natur der organischen Reste von Tieren und Pflanzen, die als Versteinerungen im Gestein erhalten sind. Wellenförmige Schichtungen in einem Sandstein zum Beispiel, sogenannte Rip-
20 pelmarken, halten die Bewegungen von Wind und Wellen während der Bildung des Gesteins für Jahrmillionen fest. Eine Versteinerung, die identifiziert werden kann, erlaubt sogar, herauszufinden, aus welchem Teil eines Meeres ein bestimmtes Ablagerungsgestein stammt, in welcher Tiefe das Sediment ursprünglich abgelagert worden war.

In den frischen Meeresablagerungen berühren sich nebeneinanderliegende Körner kaum, sie sind von Meerwasser fast überall umgeben. Wenn neues Material älteres überlagert, können sich unter dem Druck der überlagernden Schichten die Körner setzen und auseinanderrücken. Das Meerwasser wird so ausgepresst und die Schicht bis zu zehnmal dünner, als sie ursprünglich war. Schalen und 24
andere organische Reste werden bei einer solchen Setzung der Körner flachgedrückt und bleiben deshalb nur als papierdünne Abdrücke erhalten.

Ausser dem Entzug des Wassers verändern sich die Ablagerungen auch chemisch. Aus dem Wasser in den Poren werden sogenannte Zemente ausgeschieden, die die Körner einer Ablagerung miteinander verkitten. Der Zeitpunkt der Ausscheidung von Zementen ist sehr verschieden. Wir kennen Bodenproben aus dem Meer, die viele Millionen Jahre alt sind und bis heute nicht verfestigt wurden, während andere unter einer geringen Bedeckung von 21
unverfestigtem Material schon heute verhärten. Art und Aussehen der zementbildenden Kristalle geben Auskunft 22
über noch wenig verstandene chemische und biologische Prozesse im Porenraum zwischen den Körnern. 23

Nach dem Wasserentzug werden die Ablagerungen durch den Vorgang der Versteinerung oft noch weiter verändert. So löst sich zum Beispiel die Kieselsäure kieselhaltiger Schalen oder Schwammnadeln, begibt sich im Gestein auf Wanderung und sammelt sich zu Kieselknollen, sogenannten Flintsteinen, die man früher zum Funkenschlagen im Feuerzeug und an Feuerwaffen verwendete. Ähnliche Mechanismen der Stoffwanderung zerstören oft auch kalkige Reste von Tieren und bewirken die Bildung von Kalkknollen.

Ablagerungsgesteine, die sich unter Ausschluss von Sauerstoff angehäuft haben (wie heute am Grund des Schwarzen Meeres), enthalten viel organisches Material. Es wurde dem Abbau durch die Fäulnis entzogen, weil eine Zufuhr von Sauerstoff für die Tätigkeit der Fäulnisbakterien notwendig ist. Im Lauf der Jahrmillionen wird dieses organische Material tröpfchenweise verteilt im Gestein gefangen und chemisch so verändert, dass nur noch ein Gemisch einfach-

20
Rippelmarken, entstanden durch die Gezeitenströmung (Insel Mellum, Nordsee). Beachte das kleine Delta, durch abfliessendes Wasser in einen Strömungskanal vorgebaut

21
Meeresboden, heute schon so stark verhärtet, dass ein Pressluftmeissel nötig ist, um eine Probe zu nehmen.
Elat, Rotes Meer, etwa 10 m Tiefe

21

ster chemischer Bausteine der organischen Substanz übrigbleibt. So entstehen Erdöltröpfchen, die in den sogenannten Ölschiefern an Ort und Stelle fein verteilt im Gestein hängenbleiben, öfters aber aus dem Porenraum ihrer Heimat auswandern und sich dort sammeln, wo grosse Poren im Gestein eine Konzentration des Erdöls begünstigen. Solche Ansammlungen von Erdöl werden dann angebohrt und ausgebeutet.
In stehenden Gewässern auf dem Land bilden sich unter Umständen Torfmoore, wo sich vor allem totes Pflanzenmaterial unter Abschluss von Sauerstoff ansammelt. Wenn dieses Material unter dem Druck überlagernder Schichten entwässert wird und versteinert, so entsteht zuerst Braunkohle und dann Steinkohle.

22
Körner, durch kleine Kristalle des Zementes verbunden. Raster-Elektronenmikroskop, ×120
23
Kristalle des Zementes auf einem Korn. Raster-Elektronenmikroskop, ×1200

22

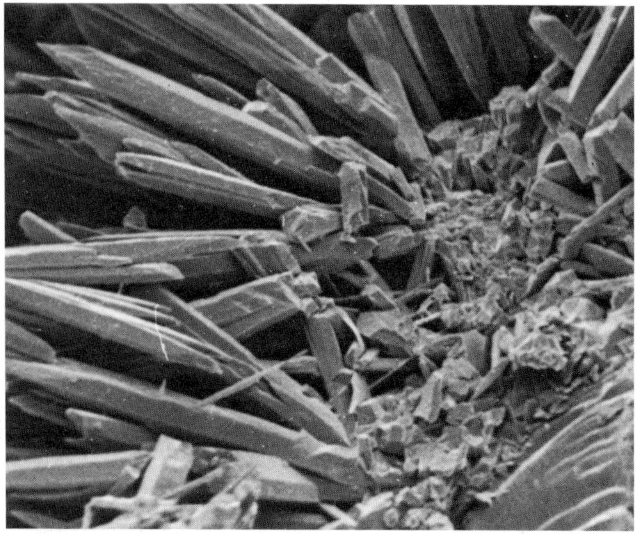
23

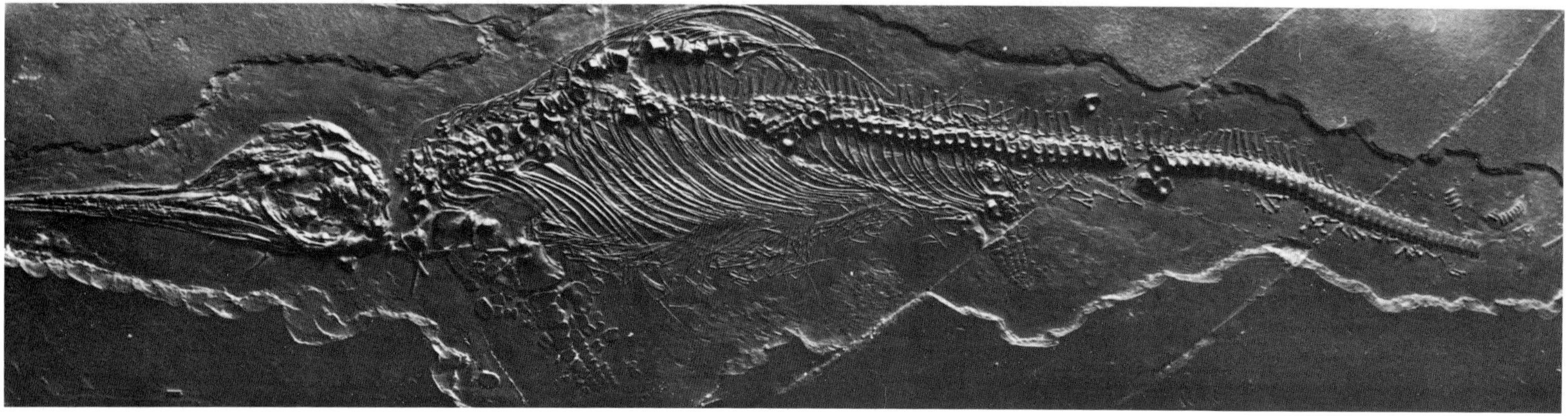

24
Fischsaurier (Mixosaurus) aus den Schlammablagerungen der Triaszeit vom Monte San Giorgio, Tessin. Durch die Setzung des wasserreichen Sediments wurde besonders der Schädel platt gedrückt. Etwa ¼ nat. Grösse.
Paläontologisches Museum Zürich

Gebirgsbildung verändert Gesteine

Wenn bei der Gebirgsbildung die Gesteine der Erdkruste zusammengeschoben und gefaltet werden, entstehen in der Tiefe und entlang den Bewegungsbahnen erhöhte Drücke und Temperaturen. Unter solchen Bedingungen reagieren die Minerale, aus denen das Gestein zusammengesetzt ist, chemisch miteinander und bilden neuartige Bausteine. Das Gestein verändert dadurch sein Aussehen. Dieser Vorgang
27 wird als Metamorphose bezeichnet. So wird zum Beispiel
28 aus einem Kalkstein ein Marmor, aus einem tonigen Gestein
25 ein Glimmerschiefer, aus einem Granit ein Gneis. Verschie-
26 dene Ausgangsgesteine können allerdings ähnliche Umwandlungsprodukte ergeben.

Da die meisten Gesteine aus einem Gemisch von Mineralen bestehen und viele Minerale gleichzeitig miteinander reagieren, sind die Regeln der chemischen Veränderung der Gesteine in Abhängigkeit von Druck, Temperatur und Reaktionszeit äusserst kompliziert. Die geologischen Zeiträume für die chemischen Reaktionen sind so lang, dass die Kristalle Zeit haben, miteinander zu reagieren und neu zu wachsen, ohne dass das Gestein schmilzt. Die langen Zeiträume verhindern, dass man die Reaktionen im Labor nachvollziehen und experimentell untersuchen kann. Die Umwandlung zerstört die ursprünglichen Zeichen im Gestein zum grössten Teil und ersetzt sie durch neue. Diese geben Auskunft über Druck und Temperatur während der Gebirgsbildung, sind also eine Art Fiebermesser der Vorgänge in den Tiefen der Erdkruste.

25
Granit. Beachte die ungeregelte Lage der einzelnen Kristalle im massigen Gestein

26
Gneis. Beachte die lagige Anordnung der Kristalle

27
Kalkstein, massig

28
Marmor, kristallin

29 >
Durch Rutschung der noch weichen Meeresablagerungen entstandene Falte (‹Slump›), überdeckt von ungestörten Schichten, beide nachträglich schief gestellt durch die Gebirgsbildung.
Breggia-Schlucht, Südtessin

30 >>
Gänge im Gneis, durch spätere Gebirgsbildung verformt.
Verzasca-Tal, Tessin

25

26

27

28

31
Gänge im Bergeller Granit, erst nach der Faltung des Gebirges entstanden und deshalb nicht deformiert. Novate, Mera-Tal

Steine im Gesteinsverband

Wie die einzelnen Buchstaben hintereinander erst ein Wort ergeben und damit eine neue Bedeutung erhalten, so sagt auch in der geologischen Sprache die Lage verschiedener Gesteine zueinander besonders viel und Wichtiges aus.

Schichtung

Die bekannteste Lagebeziehung der Ablagerungsgesteine zueinander ist ihre Schichtung. In den Meeren wurde eine Schicht nach der andern abgelagert, die unterste zuerst, die oberste zuletzt. Weil die Ablagerungsgesteine auf diese Weise entstanden sind, wird aus der Schichtung eine Zeitbeziehung, eine Geschichte, sichtbar. Nicht umsonst haben ‹Schicht› und ‹Geschichte› die gleiche Wortwurzel; Geschichtliches ist eben Geschichtetes. So wird ein Vorgang der Erdgeschichte, der eine gewisse Zeit in Anspruch genommen hatte, durch die Veränderung der Gesteine in aufeinanderfolgenden Schichten auch Jahrmillionen nach seinem Abschluss sichtbar. Durch die Einbettung der Reste von Organismen in Schichten übereinander kann man auch die Geschichte allen Lebens auf der Erde rekonstruieren in der richtigen zeitlichen Abfolge von unten nach oben. Umgekehrt dient uns die geschichtliche Rekonstruktion des Lebens als Zeitmass, welches erlaubt, isolierte Schichtpakete oder einzelne Gesteine mit geeigneten Versteinerungen – sogenannten Leitfossilien – in den Gesamtrahmen der Geschichte einzuordnen, das Schichtpaket zu datieren.
Störungen in der Schichtung, die zum Beispiel durch Rutschungen der Ablagerungen am Meeresgrund hervorgerufen werden, erkennt man etwa daran, dass überlagernde Schichten die Störung ruhig eindecken. Solche Rutschun-
29 gen geben wertvolle Hinweise auf die Neigung des Meeresbodens und den Wassergehalt der Ablagerungen. Oft wird die Schichtung der Ablagerungen auch völlig zerstört durch Meerestiere, die den Meeresboden durchwühlen. Wird eine solche Ablagerung zu Stein, so wird sie eine dicke, massige Bank bilden, wo die Schichtung nur in grossen zeitlichen Abständen Marken hinterlässt.

Vielerorts hat das Meer während langer Zeit nur wenig oder gar nichts abgelagert. In solchen Fällen verhärtet der Meeresboden. Oft bilden sich eisenhaltige Krusten, die von Meerestieren besiedelt werden. Diese müssen an das Leben auf hartem Untergrund angepasst sein, wie zum Beispiel die Bohrmuscheln, die sich in soliden Fels einbohren können. Andere Tiere wachsen am Boden fest wie die gestielten Haarsterne oder viele Austernarten, damit sie nicht von der Strömung weggetragen werden. Die Krusten und die versteinerten Reste ihrer Besiedler zeigen an, dass an dieser Stelle Lücken in der erdgeschichtlichen Überlieferung zu erwarten sind. Viele Schichtfugen entsprechen auch solchen Lücken; oft sind die Zeiträume, die den Lücken entsprechen, grösser als die Zeiträume, die durch Ablagerungen belegt sind. Man denkt an Morgensterns Gartenzaun ‹mit Zwischenraum, hindurchzuschaun›.

Lagergänge

Auch die Lagebeziehung kristalliner Gesteine zueinander lässt zeitliche Beziehungen zwischen verschiedenen Gesteinsarten erkennen. Im Kleinen beobachtet man mit kristallinem Gestein ausgefüllte Spalten, die ältere Ge-
steinskörper durchschlagen, sogenannte Lagergänge. Hier 31
sind Schmelzen aus der Tiefe ins umgebende Gestein eingedrungen und erstarrt. An den Rändern haben sich
chemische Reaktionen abgespielt zwischen dem Mutterge- 30
stein und der aufdringenden Restschmelze. Sie sind als Reaktionssaum deutlich zu erkennen. Mehrere Generationen von Lagergängen können eine die nächste durchschlagen und so die Geschichte der Schmelze in der Tiefe belegen. Im Grossen beobachtet man etwa die Kontakte aufsteigender Granitmassen, die den Bau des Gebirges von unten her durchschlagen. Auch hier lassen sich zeitliche Beziehungen zwischen dem Gebirgsbau und dem meist späteren Aufdringen der Granitstöcke durch die Lagebeziehung der Gesteinskörper zueinander aufzeigen.

geologische Zeitalter		Alter Mio. Jahre	
	Quartär		Ausgestaltung der Alpenlandschaft durch fliessendes Wasser Abtragung der Alpen durch Gletschereis, Ablagerung des Schutts im Alpenvorland in Form von Moränen
		1,5	
Erdneuzeit Känozoikum	Tertiär jüngeres		Letzte Faltungsphasen in den Alpen; Überschiebung der subalpinen Molasse und Auffaltung des Juragebirges Erste Hebung der Alpen, allmähliches Abkühlen des metamorphen Kerns, Beginn der Abtragung des Gebirges Aufsteigen der alpinen Granite (Bergell, Adamello)
		38	
	Tertiär älteres		Metamorphose der tiefsten Stockwerke der Alpen Hauptphasen der alpinen Gebirgsbildung durch die Verkeilung von Nord- und Südkontinent
		65	
	Kreide		Erste Gebirgsbildungsphasen, während der Ozeanboden zwischen Nord- und Südkontinent verschwindet
		136	
Erdmittelalter Mesozoikum	Jura		Einbruch und Ausgestaltung der Kontinentalränder des Süd- und später des Nordkontinents
		195	
	Trias		
		225	
Erdaltertum Paläozoikum	jüngeres		Abtragung des letzten voralpinen (‹Variszischen›) Gebirges. Vulkanische Ergüsse auf dem Gebirgsrumpf Aufdringen von Graniten (Schwarzwald–Vogesen, alpine Zentralmassive) in das letzte voralpine Gebirge Auffaltung und Metamorphose des Variszischen Gebirges
		395	
	älteres		Entstehung des älteren, voralpinen (‹Kaledonischen›) Gebirges
		570	
Erdurzeit			Mehrere Gebirgsbildungen in erdurgeschichtlicher Zeit

Ozeane	*Tiere und Pflanzen*
Eiszeiten. Der Meeresspiegel sinkt	Der Mensch tritt auf Aussterben vieler grosser Säugetiere
Einbruch des Mittelmeeres Auffüllung des Molassebeckens mit Abtragungsprodukten aus den Alpen Zeitweise Überflutung des Alpenvorlandes durch das Molassemeer Die letzten Reste des alpinen Ozeans (Tethys) verschwinden, der Alpenraum wird der Abtragung ausgesetzt Änderungen im System der Strömungen im Ozean bewirken Klimaänderungen über weite Teile der Welt	Die Säuger erobern den Lebensraum der Grosstiere auf dem Land und im Wasser Gräser und höhere Meerwasserpflanzen entwickeln sich Aufblühen der grossen, benthonischen Foraminiferen Viele Grossreptilien (Saurier) und viele wichtige Meeresbewohner (Ammoniten, Belemniten, planktonische Foraminiferen) sterben aus
Rückzug der Flachmeere vom Nordkontinent Öffnung des Südatlantiks, langsame Schliessung der Tethys Überflutung weiter Teile der Kontinente durch tropische Flachmeere Öffnung des Nordatlantiks und der Tethys Der gemeinsame Grosskontinent zerbricht. In den Grabenbruchsystemen schnüren sich zahlreiche Meeresarme zu Lagunen ab, wo Meerwasser eingedampft wird. Aus den Spalten dringen vulkanische Laven auf	Vögel und moderne Knochenfische erscheinen Blütezeit der Saurier als Grosstiere Höhere Blütenpflanzen erscheinen Altertümliche Knochenfische verbreitet Erste Säugetiere und ihre Vorläufer Nadelhölzer verbreitet. Erstes Aufblühen der Landreptilien
Eiszeiten auf der Südhalbkugel, grosse Klimaänderungen Die Kenntnisse sind vorläufig zu lückenhaft, um die räumliche Ausdehnung der Ozeane des Erdaltertums weltweit zu rekonstruieren.	Aussterben vieler ursprünglicher Landwirbeltiere sowie wichtiger mariner Organismen (paläozoische Ammoniten, Pentremiten, rugose Korallen, Foraminiferen usw.) Steinkohlenwälder mit Riesenlibellen Wirbeltiere passen sich ans Leben auf dem Land an (Vierfüsserentwicklung) Die Eroberung des Landes als Lebensraum durch die Pflanzenwelt Die ‹Erfindung› des Kiefers bei den Wirbeltieren Auftreten der kieferlosen Wirbeltiere
	Die Geschichtsschreibung mit Hilfe versteinerter Organismen beginnt mit der Entwicklung erhaltungsfähiger Hartteile in allen grossen Gruppen der wirbellosen Meerestiere

Gebirgsbildung verändert die Lagerung der Gesteine

Durch die Bewegung der auch heute noch lebendigen
Erdkruste im Lauf der Jahrmillionen werden grosse Ge-
steinsbrocken zerbrochen, verschoben, gepresst oder gefal-
tet. Damit wird die ursprüngliche Lagebeziehung der Gestei-
ne zueinander nachträglich verändert. Durch einen Bruch
kommen Schichtpakete verschiedenen Alters nebeneinan-
der zu liegen. Durch Faltung können Schichtstösse auf den
33 Kopf gestellt werden, das Älteste zuoberst, das Jüngste
zuunterst. Die Alpen sind so stark gefaltet worden, dass die
Erdkruste sogar übereinander geschoben wurde. Die aufge-
schobenen Teile der Erdkruste bezeichnen wir als Decken.
Sie sind für die alpinen Gebirge so typisch, dass man auch
von Deckengebirgen und vom Deckenbau der Alpen spricht.
Die Deckennatur der alpinen Faltung ist der Schlüssel zum
Verständnis des Baus der Alpen. Sie ist von Arnold Escher
von der Linth schon vor etwa hundert Jahren erkannt
35 worden: An der sogenannten Lochseite im Glarnerland liegt
eine dicke, rötliche Ablagerung aus den frühesten Perioden
des Erdmittelalters über zusammengestauchten, wesent-
lich jüngeren Gesteinen des Erdmittelalters und der Erdneu-
zeit. Unter der flachen Überschiebungsfläche findet sich ein
zerquetschter, verfältelter Kalk, dessen Strukturen als
Fliessfalten zu interpretieren sind. Dieser sogenannte Loch-
36 seitenkalk hat als Schmiermittel gedient, als der ältere
Schichtstapel in einem weitgeschwungenen Bogen über
jüngere Ablagerungsgesteine hinweggeschoben wurde.
Die Gesteine unter der Überschiebungsbahn sind so zerrüt-
tet, dass sie von der Abtragung leichter entfernt werden
können als die umgebenden Gesteine. Deshalb wird die
37 Überschiebungsbahn in der Landschaft über viele Kilometer
57 hinweg deutlich sichtbar und lässt die gewaltigen Kräfte
gebirgsbildender Vorgänge erahnen.

34 Auch das kristalline Grundgebirge ist in den Deckenbau der
Alpen einbezogen. Das erkennt man dort am besten, wo
Ablagerungsgesteine in den ursprünglich darunterliegen-
den Sockel aus kristallinem Gestein eingefaltet wurden. So
32 besteht zum Beispiel der Gipfel der Jungfrau im Berner
Oberland aus einem Span des kristallinen Grundgebirges,
der über viel jüngere Ablagerungen hinweggeschoben
wurde.

Die Vorstellung, dass Teile der Erdkruste weiträumig über-
schoben werden, wenn Gebirge entstehen, hat etwas
Abenteuerliches an sich. Noch heute wollen viele Geologen,
die fern von den alpinen Gebirgen ihre Erfahrungen gesam-
melt haben, die Deckennatur des Gebirgsbaus der Alpen
nicht so recht einsehen. Aber die hohen Talwände der Alpen,
in denen solche Überschiebungen unmittelbar sichtbar
werden, sprechen eine so deutliche Sprache, dass diese 37
Erkenntnis nicht widerlegt werden kann.

32
Profil durch die Jungfraukette, Berner Oberland

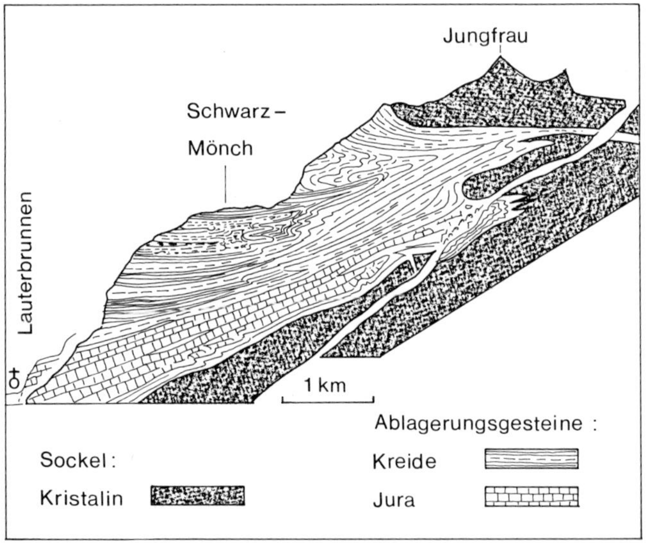

33
Liegende Falte in den Meeresablagerungen des Nordkontinents. Die Umbiegung der Falte bezeichnet man als Scharnier. Der untere ‹Schenkel› der Falte liegt normal, der obere verkehrt. Im verkehrten Faltenschenkel liegt die jüngste Schicht zuunterst, die älteste zuoberst.
Urnerboden östlich des Klausenpasses

34

35

36

37

< **34**
Sedimentkeil, in das kristalline Sockelgestein eingefaltet. ‹Färniger Keil›, Sustenpass

< **35**
An der Lochseite (Glarus) wurde die überschobene Natur des alpinen Deckenbaus der Alpen zuerst erkannt

< **36**
Der Lochseitenkalk, Schmiermittel unter der Überschiebungsfläche, zeigt Fließstrukturen im Kleinbereich. Polierter Ausschnitt des Gesteins; nat. Grösse

37
Die Fläche der sogenannten Glarner Hauptüberschiebung wird an den steilen Felswänden von der Verwitterung als lineare Vertiefung in die Landschaft gezeichnet. Tschingelhörner südlich des Segnespasses

Blockdiagramme zur geologischen Kartierung:

38
Schief gestellter Schichtstoss

39
Falte mit schief gestellter Achse in einem Quader

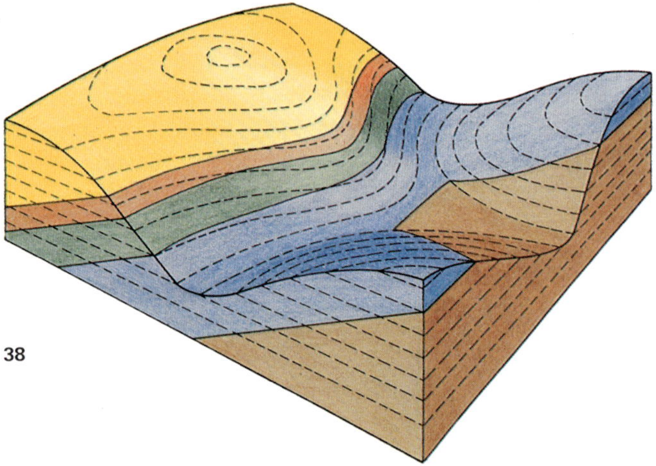

38

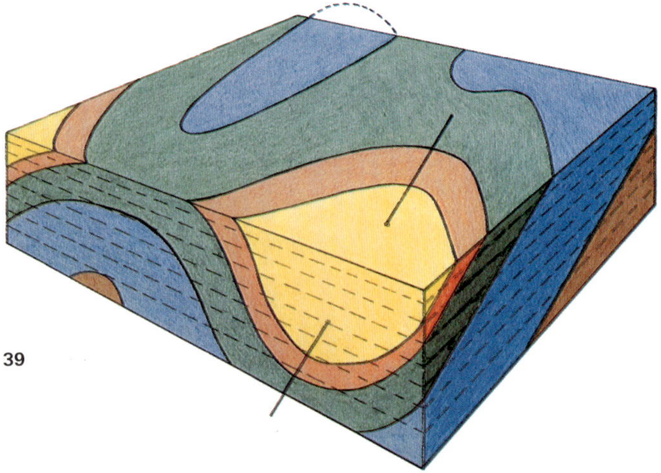

39

40
Falte mit horizontaler Achse

41
Falte mit schief gestellter Achse in der Landschaft

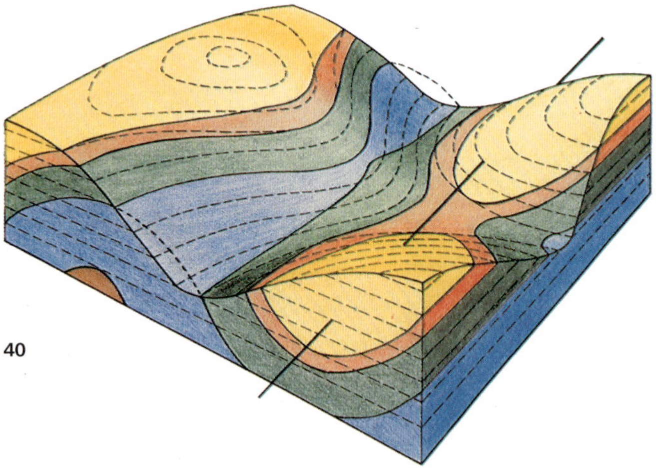

40

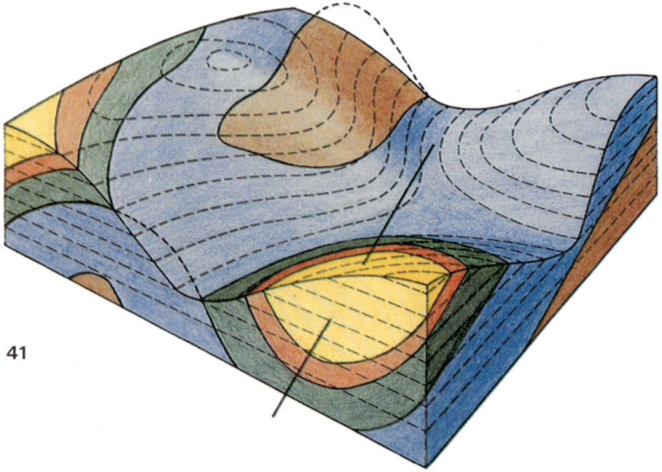

41

Wie schreibt man die Sprache der Steine?

Die Sprache der Gesteine lässt sich in Worten genausowenig wiedergeben wie ein Sinfoniekonzert. Wie der Komponist eine Partitur ‹notiert›, muss auch der Geologe Raum- und Zeitdimensionen der steinernen Sprache gleichzeitig sichtbar machen. Die Geologie hat deshalb ihre eigene Notierungsweise in Form von geologischen Karten und Profilen, eine eigentliche Partitur der Gebirgsbildung, die zu lesen Vorkenntnisse und Übung voraussetzt.

Die geologische Notierung ist aus der geologischen Messmethodik herausgewachsen. Wie in jeder exakten Naturwissenschaft wird auch in der Geologie gemessen. Sinnvoll definierte und abgegrenzte Gesteinskörper müssen vermessen werden, wenn ihre Lagebeziehung zu anderen, benachbarten Gesteinskörpern aufgeklärt werden soll. Wenn der Geologe anhand der Zeichen im einzelnen Stein einen bestimmten Gesteinskörper im Feld erkannt hat, trägt er das
38–41 erkannte Vorkommen auf einer Landkarte ein. Meter für Meter wird das Gelände abgeschritten, bis feststeht, wo die Grenzen des Gesteinskörpers im Gelände verlaufen. Da die Landkarte das Relief des Geländes maßstäblich getreu wiedergibt, kann man aus dem Verlauf der Grenzen des Gesteinskörpers auf der Karte seine räumliche Ausdehnung genau bestimmen. Gesteinskörper, zum Beispiel in Form von Schichten gleichmässiger Dicke (Mächtigkeit, wie der Geologe sagt), schneiden, wenn sie horizontal liegen, die Höhenkurven einer Landkarte nicht. Wenn sie schief liegen, werden die Höhenkurven in einer Himmelsrichtung am steilsten, in einem rechten Winkel dazu überhaupt nicht geschnitten. Sind die Schichten verbogen oder gefaltet, so wird das Bild eines Gesteinskörpers auf der geologischen Karte entsprechend komplizierter. Um den Grundriss der
Gesteinskörper, das Kartenbild, in allen Einzelheiten wirk- 42
lich zu verstehen, muss der Geologe oft Aufrisse, sogenannte geologische Profile, sorgfältig konstruieren. Die Aufrisse lassen den Verlauf der Gesteinskörper sichtbar werden, wie wenn man die Oberfläche der Erdkruste mit einem Käsemesser aufgeschnitten hätte. Je tiefer die Täler, je steiler die Talwände im Gelände sind, desto genauer kann die räumli-

che Ausdehnung der Gesteinskörper vermessen werden, desto genauer wird auch die Geschichte dieses Teils der Erdkruste rekonstruiert werden können.
Die genaueste geologische Kartierung, die genaueste Vermessung der Gesteine ist unnütz, wenn die einzelnen Steine, die an der Oberfläche des Geländes sichtbar werden, nicht zu geologisch aussagekräftigen Einheiten gruppiert und zusammengefasst werden. In der sinnvollen Erfassung der einzelnen Steine zu Gesteinskörpern, sogenannten Formationen, liegt die Kunst des Geologen und seiner Wissenschaft. Auf der geologischen Karte erscheinen die einzelnen Gesteinskörper in verschiedenen Farben. Ihre Bedeutung wird in der Kartenlegende nur unvollständig erklärt. Deshalb wird zu jeder Karte auch ein Heft herausgegeben, in dem genauer festgehalten wird, aus welchen Gesteinen jeder ausgeschiedene Gesteinskörper besteht, wie er abgegrenzt wurde, welches sein Alter ist und was er deshalb geologisch bedeutet. Leider sind diese Erklärungen für den Laien oft schwer verständlich.

Mit Landkarten werden Gesteinskörper vermessen

Die Landkarte ist für den Geologen also nicht nur das Notenpapier, sondern gleichzeitig auch sein Metermass im Raum. Während in vielen andern Ländern die Landkarten auf Betreiben des Militärs erstellt wurden, war es in der Schweiz der Berner Geologieprofessor Bernhard Studer, der schon an der Jahresversammlung der Naturforschenden Gesellschaft von 1828 nach möglichst genauen Landkarten des Alpenraums gerufen hatte, eine Forderung, die also älter ist als der heutige Schweizer Bundesstaat von 1840. Allerdings wurde diese Forderung erst dreissig Jahre später erfüllt durch die Eidgenössische Landestopographie, ein Bundesamt, das seinerseits aus einer Kommission der Naturforschenden Gesellschaft hervorgegangen war. Dieses Amt ist noch heute verantwortlich für die genaue Vermessung des Geländes in der Schweiz und für den Druck der Landkarten, eine Aufgabe, die natürlich nicht nur für die Geologen von grosser Bedeutung war, sondern auch für Planung und Erstellung der Bahntunnels durch die Alpen, technischen Pioniertaten der damaligen Zeit.
Aufgrund der ersten Landkarten wurde um 1860 mit der geologischen Kartierung der zentralen Alpen begonnen. Zu diesem Zweck bestellte die Naturforschende Gesellschaft damals eine geologische Kommission, die noch heute für die Herausgabe der geologischen Karten des Landes verantwortlich ist. Diese Kommission begann sofort ihre Arbeit, indem sie freiwillige Mitarbeiter rekrutierte. Die Begeisterung der freiwilligen, das heisst unbezahlten Geologen für die wissenschaftliche Erforschung der Alpen hat zu den ersten geologischen Karten geführt und ist bis heute die treibende Kraft der geologischen Landeskartierung; denn auch heute noch wird die beschwerliche Kartierungsarbeit von Lehrern an Gymnasien, Geologen in praktischen Berufen, Professoren und Studenten ohne Bezahlung durchgeführt. Dieses System hat den Nachteil, dass die Kartierung langsam vor sich geht und dass wissenschaftlich interessante Gebiete zuerst kartiert werden, wirtschaftlich wichtige erst später oder gar nicht. Darum sind die Gebirge der Schweiz geologisch besser bekannt als das Flachland. Der Vorteil des Systems aber ist die Genauigkeit und die Aussagekraft der Kartierungen. Nur der Drang des Wissenschafters nach Erkenntnis und Verständnis der Erdgeschichte ergibt genaue, sinnvolle und lesbare Karten, ohne die ein so komplizierter Gebirgsbau, wie ihn die Alpen aufweisen, nicht hätte aufgeklärt werden können.
Ist eine Manuskriptkarte fertiggestellt, so muss sie von den Mitarbeitern der Geologischen Kommission an die Nachbarkartierungen angeglichen, mit einer einheitlichen Legende versehen und für den Druck vorbereitet werden. Was heute in andern Ländern von grossen staatlichen Büros erledigt wird, muss in der Schweiz von drei wissenschaftlichen Mitarbeitern geleistet werden, ein beredtes Symbol für die schweizerische Sparsamkeit der Mittel, mit welchen die wichtigsten Infrastrukturaufgaben des Landes wahrgenommen werden.
Der Druck geologischer Karten stellt höchste Anforderungen an die Drucktechnik wegen der zahlreichen Farben, die

42
Ausschnitt aus einer geologischen Karte des alpinen Raums mit Profilkonstruktion von A nach B durch den Grossmythen (Zentralschweiz). Die Masse des Berges besteht aus Gesteinen des Erdmittelalters und schwimmt als isoliertes Überbleibsel der Abtragung einer Decke («Klippe») auf weichen Gesteinen der Erdneuzeit. Ein zusätzlicher Schubspan verdoppelt die untersten Schichten des Mythen über ihrer Unterlage.

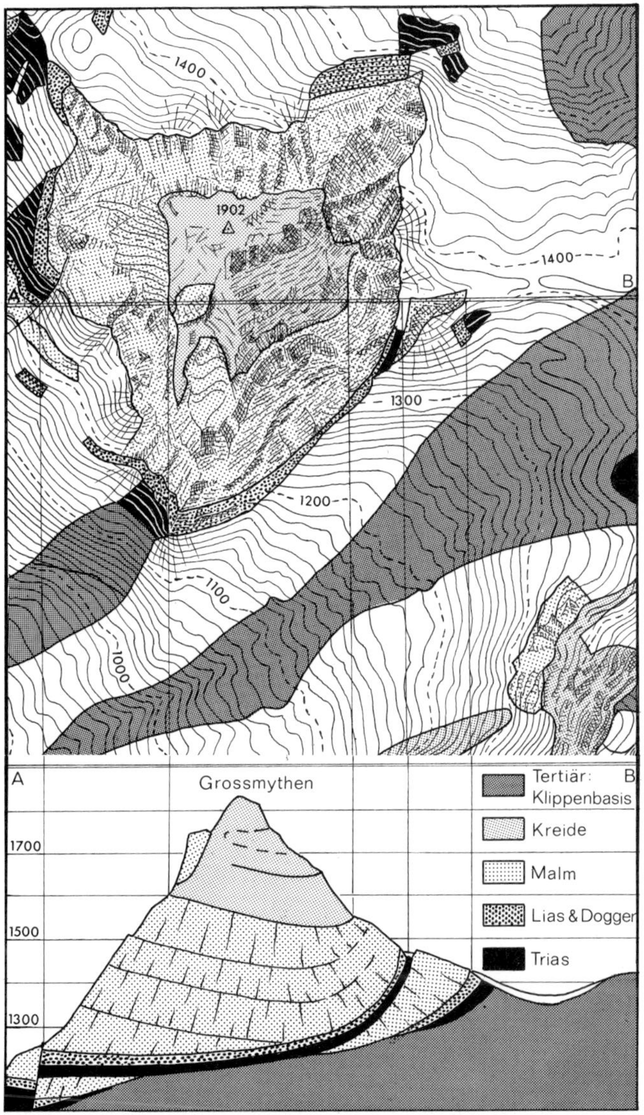

man braucht, um die einzelnen Gesteinsformationen zu bezeichnen. Jede Farbe muss einzeln auf die Landkarte gedruckt werden, ohne dass sie sich mit der vorher aufgetragenen Farbe überlappt. Kein Wunder, dass geologische Karten teuer sind und auch nur langsam, das heisst im Mittel zwei Kartenblätter pro Jahr, erscheinen.

Wie misst man die Bewegung der Gesteinskörper?

Aufgrund der Vermessung der Gesteinskörper mit Hilfe der geologischen Kartierung steht die Lagebeziehung der Gesteinskörper zueinander fest. In einem Deckengebirge wie den Alpen sind viele Gesteinskörper durch die Bewegung der Erdkruste während der Gebirgsbildung in die Lage gekommen, in der wir sie heute beobachten. Um den Gebirgsbau richtig zu verstehen, muss man die Bewegungen der Erdkruste im Geist und auf dem Papier rückgängig machen. Für die Rekonstruktion der ursprünglichen Lage der Gesteinskörper zueinander benützt man die Karten und Profile, auf denen die Bewegungsbahnen der Gesteinskörper sichtbar werden.
Am besten bekannt und am leichtesten auszumessen sind die Bewegungen der Schichtstapel von Ablagerungsgesteinen auf der Nordseite der zentralen Alpen. Hier können wir am genauesten verfolgen, wie die Schichtstapel übereinandergeschoben wurden, nachdem sie sich von ihrem ursprünglichen Sockel aus Kristallingestein abgelöst hatten. Bei diesem Vorgang haben sich ausserdem oft obere Pakete des Stapels von unteren gelöst und sind als selbständige Decken weiter nach Norden gerutscht, wo sie eigene Falten gebildet haben, während die älteren Teile des Schichtstapels weiter südlich, im Inneren der Alpen, zurückgeblieben sind. Die berühmten Aussichtsberge am Alpennordrand, der Pilatus bei Luzern und der Säntis bei St. Gallen, bestehen aus solchen abgelösten oberen Teilen des Schichtstapels, die sich selbständig in komplizierte Falten gelegt haben. Weiche Ablagerungen, Tone oder gipshaltige Schichten in der Schichtreihe verursachen das selbständige Abrutschen von Teilen des Stapels.

Die Ablagerungsgesteine der Nordalpen können wir so an ihren ursprünglichen Platz zurückverlegen. Da alle wichtigen Deckenelemente der zentralen Alpen von Süden nach Norden geschoben worden sind, gilt die Regel, dass die obersten Decken aus den südlichsten Regionen kommen. Der ursprüngliche Platz des Schichtstapels am Nordrand der zentralen Alpen muss südlich des Aare-Gotthard-Massivs gelegen haben, weil die kristallinen Gesteine dieser Massive zum ursprünglichen, kontinentalen Sockel gehören, auf dem die Ablagerungen der jüngeren Erdgeschichte noch erhalten geblieben sind. Die abgescherte Haut der Erdkruste, die heute die spektakulären Falten des Alpennordrandes bildet, wird von Ablagerungen gleichen Alters aufgebaut und muss deshalb aus einem weiter südlich gelegenen Meeresraum stammen. Mit solchen Rekonstruktionen der ursprünglichen Lage der Decken ermittelt man die ursprüngliche Breite des Raums, in dem die Alpen entstanden sind. Durch die Gebirgsbildung hat sich dieser Raum in den zentralen Alpen in der Nord-Süd-Richtung beträchtlich verkürzt.

Der zentrale Teil der Alpen ist nach seiner Faltung gehoben und in den tiefen Alpentälern bis auf die untersten Stockwerke hinunter abgetragen worden. Die oberen Etagen des Gebäudes sind deshalb nur noch teilweise vorhanden. Eine Rekonstruktion der ursprünglichen Lage der obersten Elemente des Gebirgsbaus muss deshalb Lücken aufweisen, die immer grösser werden, je höher das Stockwerk ist, das man rekonstruieren möchte.

Im Dach des alpinen Baus haben die Deckenteile jeden Kontakt mit ihrer ursprünglichen Unterlage verloren. Ihre ursprüngliche Lage kann aufgrund der Kartierung allein, das heisst aufgrund der heutigen Lagebeziehung zu tieferen Stockwerken, nicht genau festgelegt werden. Isolierte Deckenteile dieser Art nennt man Klippen. Bekanntestes Beispiel sind die Mythen der Zentralschweiz, deren Klippennatur schon früh erkannt wurde: Schon von weitem ist ersichtlich, dass die Kalkklötze der Mythen auf einem Kissen weicher, wesentlich jüngerer Gesteine schwimmen. Um die weit im Süden gelegene Heimat solcher isolierter Deckenteile zu bestimmen, muss der ganze Ozean und seine Geschichte rekonstruiert werden, aus dem die Ablagerungsgesteine der Alpen stammen. Die Einordnung der Ablagerungen an einen bestimmten Ort in diesem Ozean erlaubt zwar nicht, die ursprüngliche Lage der Ablagerungsgesteine auszumessen, aber man kann doch wenigstens ihre relative Lage in bezug auf andere, benachbarte Schichtstapel abschätzen. Der Ort der Ablagerung an einer küstennahen oder küstenferneren Stelle im Ozean wird aufgrund des ‹Gesetzes der Meere› bestimmt, das heisst durch Vergleiche mit der Anordnung von Ablagerungstypen am Grund heutiger Meere.

43 >
Schema zur Deckenbildung am Beispiel der Ablagerungsgesteine des nördlichen Kontinentalrandes in der Nordostschweiz. Auch wenn nicht alle Einzelheiten geologisch belegt werden können, steht fest, dass erstens die Sedimenthaut vom kristallinen Sockel abgelöst und in selbständige Deckfalten gelegt wird, dass zweitens der Faltenwurf auf verschiedenen Querschnitten verschieden liegt, dass drittens der Schichtstapel in sich aufblättert, dass Teile des Stapels auf weichen Schichtgliedern gesondert abrutschen und in eigene Falten gelegt werden. Die obersten Deckenelemente haben den weitesten Weg von Süden nach Norden zurückgelegt, die untersten den kürzesten. Die Bewegung fand auf einem Kissen weicher Schichten statt, welche vom noch weiter südlich gelegenen Kontinentalrand stammen.

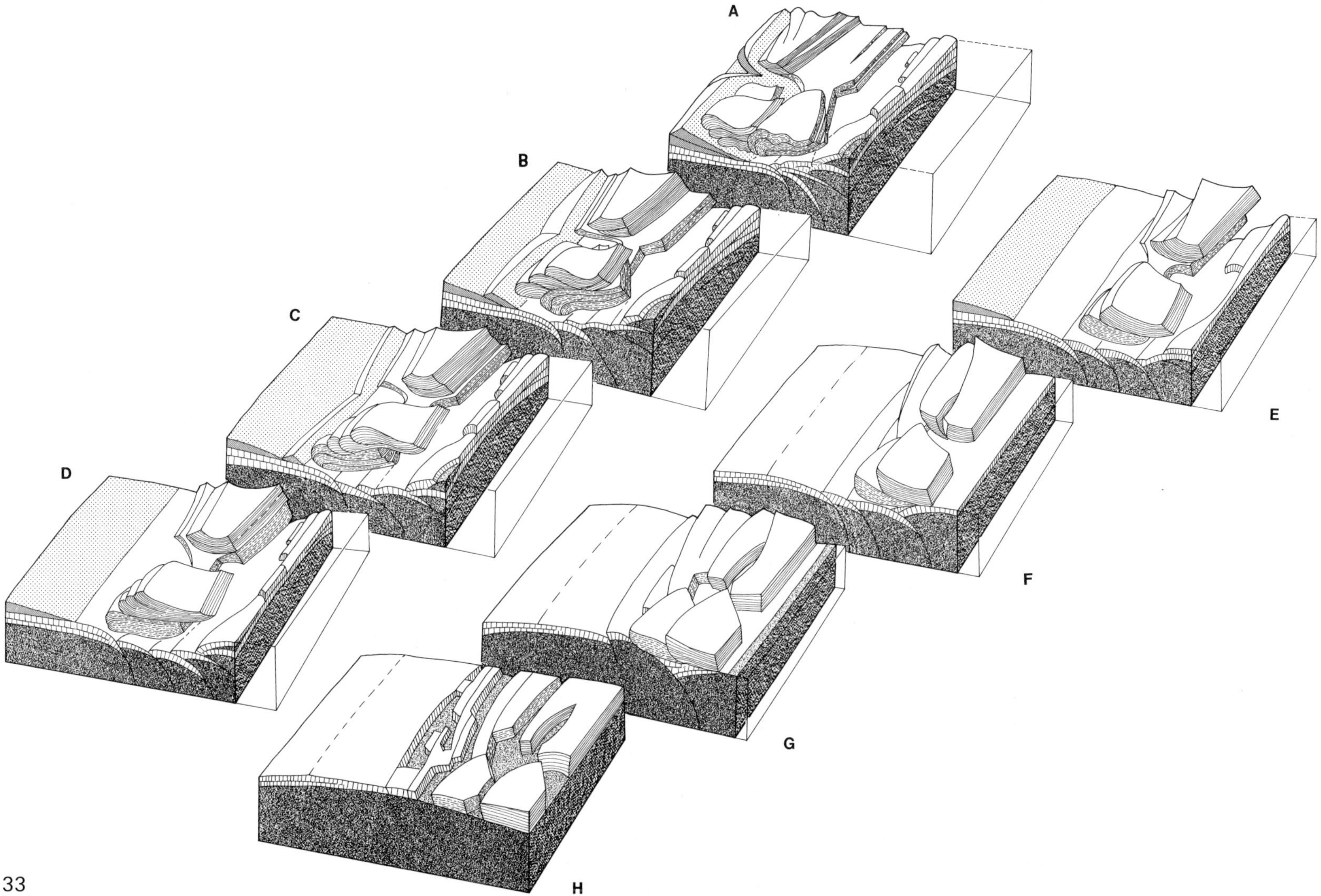
A
B
C
D
E
F
G
H

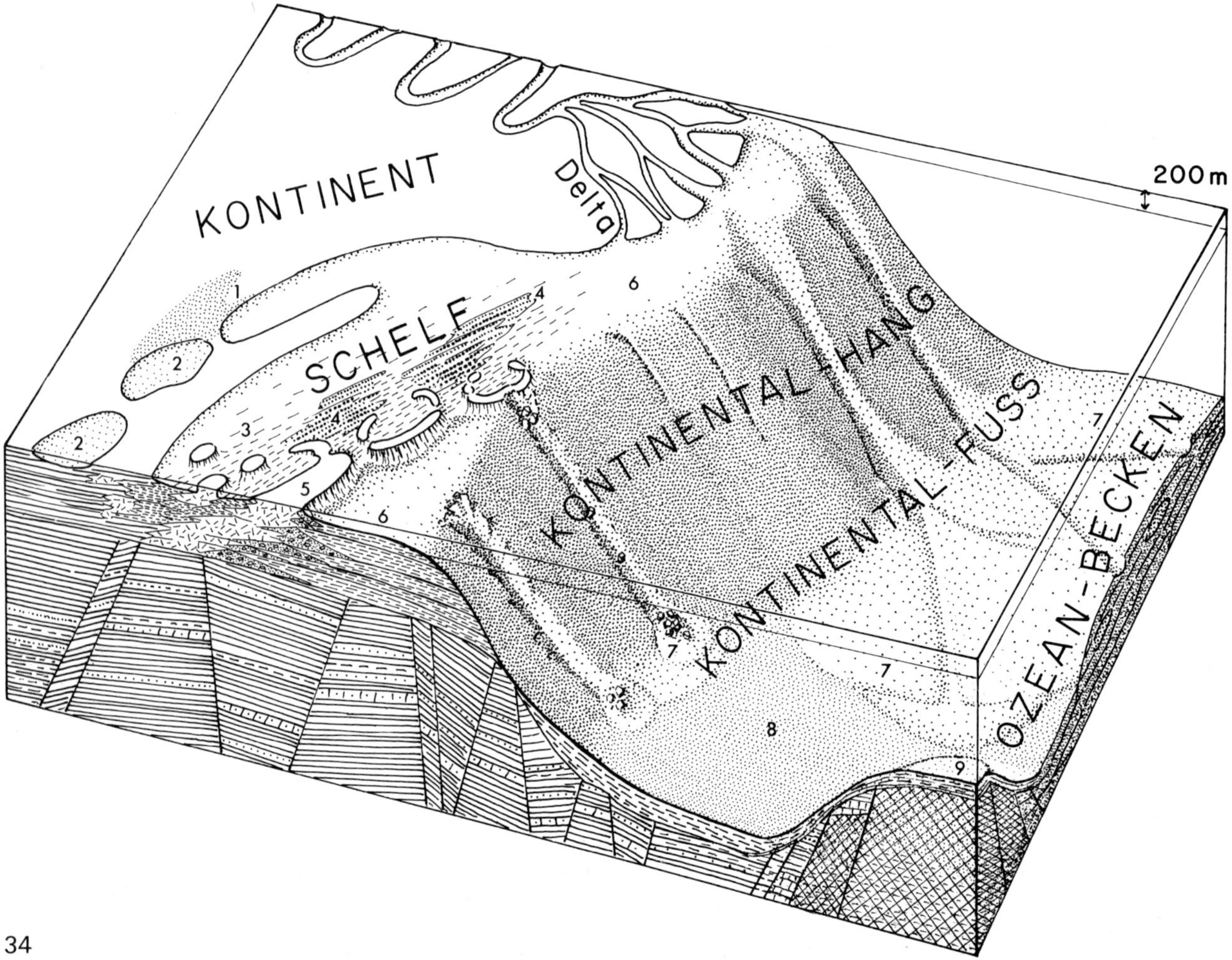

44
Die Ablagerungen des Meeres auf einem Kontinentalrand lösen sich von der Küste bis zur Tiefsee gesetzmässig ab:

1 Gezeitenbereich
2 Lagunen
3 Ablagerungen des geschützten Schelfs
4 Dünen von Oolithsanden
5 Riffe
6 Ablagerungen des offenen Schelfs
7 Ablagerungen von Schlammlawinen (Turbidite, ‹Flysch›)
8 Ozeanische Ablagerungen im Bereich der Tiefsee
9 Seeberg (‹Seamount›) mit besonders dünnen und lückenreichen Ablagerungen

Das Gesetz der Meere

Auf dem Grund der heutigen Ozeane lagern sich verschiedene Typen von Schlamm, Sand und anderem Material in einer bestimmten Reihenfolge von der Küste bis zur Tiefsee ab. Gleichzeitig bezeichnen die Organismen bestimmte Lebensräume im Meer. Die Ablagerungen, gewöhnlich ein Gemisch von herbeitransportiertem Material und eingebetteten Schalen toter Tiere und Pflanzen, lassen deshalb ihre Herkunft aus bestimmten Meeresteilen erkennen, auch wenn sie längst zu Stein geworden sind. Deltas und Lagu-
44 nen, die Gezeitenzonen, der innere Schelf, der äussere Schelf, der Kontinentalhang, der Kontinentalfuss und der offene Ozean sind Lebens- und Ablagerungsräume, die der Geologe in dieser Reihenfolge auch in den Alpen wiedererkennen kann. Diese Ordnung der Ablagerungsgesteine von der Küste bis in den offenen Ozean hinaus dürfen wir ein ‹Gesetz der Meere› nennen, denn diese Reihenfolge ist mehr oder minder die gleiche in allen heutigen Ozeanen und war auch in früheren Weltmeeren so. Letzteres können wir in Gegenden beobachten, wo die Ablagerungsgesteine noch ungestört von einer Gebirgsbildung auf ihrem kontinentalen Sockel liegen.

Der wichtigste Grund für diese Gliederung der Ablagerungsräume im Meer ist das Relief des Meeresbodens, das bestimmten Regeln folgt: Die Meeresbecken sind nämlich nicht einfach eine glatte Badewanne, sondern zeigen rund um die Kontinente eine Gliederung der Topographie des Meeresbodens mit Terrassen, Abhängen, Tälern, Bergen und Ebenen. Alle Kontinentalränder zeigen eine Art Terrasse, den sogenannten Schelf. Dieser mag bald schmaler, bald breiter sein, immer ist er begrenzt durch einen Abbruch in etwa zweihundert Metern Wassertiefe mit einer Böschung gegen den offenen Ozean hin. Auf dieser Schelfterrasse sammelt sich verhältnismässig viel Material am Meeresgrund an, weil dort die Zufuhr vom Kontinent stärker ist als in den entfernteren Becken des offenen Ozeans. Auf der Böschung, dem sogenannten Kontinentalhang, bleibt weniger Material liegen; vieles sammelt sich dagegen am Kontinentalfuss an und bildet dort dicke Ablagerungen.

45
Blaualgenbakterien-Rasen aus einer Lagune südlich Elat, Rotes Meer, ausgestochen mit Kunststoffrohr. Nat. Grösse

46 >
Dichte Pflanzendecken (Halophila) in gut belichteten Zonen des Meeres beherbergen eine artenreiche Tierwelt (Fungia, sekundär bewegliche Steinkoralle). Auf den Blättern der Pflanzen leben Einzeller mit Kalkschalen (Foraminiferen), die sich am Meeresboden anhäufen.
Dahab, Rotes Meer, 10 m Tiefe

47 >
Heute abgelagertes Sediment (links) aus dem Roten Meer und versteinertes Sediment (rechts) aus der Unterkreidezeit mit vergleichbaren Foraminiferenschalen aus der Zone des geschützten Schelfs. Dünnschliffe, ×5

45

Diese werden in Zukunft wirtschaftliches Interesse haben, weil man hofft, dort Erdöl zu finden. Um solche und ähnliche Interessen balgen sich die Küstenstaaten gegenwärtig an der internationalen Seerechtskonferenz. Ausserhalb des kontinentalen Bereichs kommen wir in die unermesslichen Weiten der offenen Ozeane, die wiederum ihre typischen Ablagerungen aufweisen. Als Beispiel seien hier nur die verbreiteten Manganknollenfelder erwähnt, welche eines Tages ebenfalls eine wirtschaftliche Bedeutung als Lieferant von Erzen haben werden. Von der Küste bis zur Tiefsee gliedert so das Relief des Meeresbodens die Ablagerungen in Streifen parallel zum Kontinentalrand. Jeder Streifen hat seine typischen Ablagerungen, die man auch nach Jahrmillionen in den Ablagerungsgesteinen wiedererkennen kann.

Die Küste

Wo Flüsse ins Meer austreten, bringen sie Material mit: Produkte der Zerstörung und Abtragung der Gebirge auf dem Land, Kies, Sand und feine Partikeln. Diese häufen sich auf den Schelfen an und bauen Deltas auf, wie wir sie im kleinen Rahmen von unseren Seen kennen. In diesen Zonen geht die Ablagerung schnell vor sich, so dass die Tier- und Pflanzenschalen in dieser Zone keinen wesentlichen Anteil am Sediment bilden, sie werden quasi verdünnt. Deshalb sind auch Versteinerungen in den Ablagerungsgesteinen aus dem Bereich von Deltas eher selten.
Wo wenig Material von den Kontinenten ins Meer getragen wird, entstehen Ebenen, die bei Ebbe trocken liegen und bei Flut unter Wasser geraten. Durch die Wirkung von Wind und Wellen können Sanddünen die Zone im Bereich der Gezeiten vom Meer abtrennen und Lagunen bilden. In tropischen Klimazonen verdampft das Meerwasser in den Lagunen, bis erst Kalk, dann Gips und schliesslich Salz aus der Lösung chemisch ausfallen und am Boden kristallisieren. Wo genügend Meerwasser durch die Sandbarrieren nachsikkert, entstehen Lebensräume im konzentrierten Salzwasser, die nur gerade von Blaualgen und Bakterien besiedelt werden können, während alle andern Organismen zugrunde

46

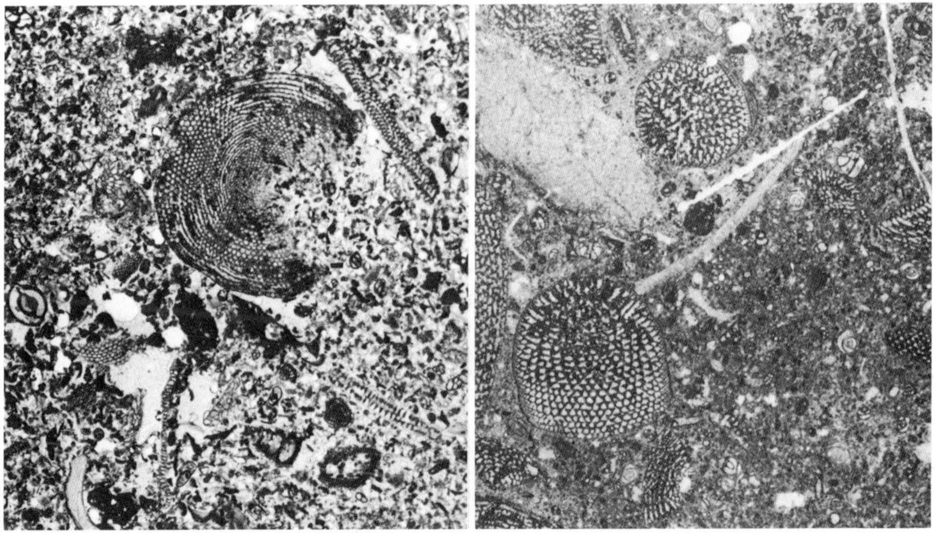

47

gehen. Unter diesen Bedingungen bilden Blaualgen und Bakterien zusammen einen geschichteten Teppich. Unter dem lebenden Teppich entstehen charakteristische, wellig gebänderte Kalkkrusten, die auch als Versteinerung erhalten bleiben können und deshalb wertvolle Anzeiger für die Gezeitenzone darstellen.
Die Strandablagerungen der Küste selbst bleiben seltener erhalten, weil der geringste Anstieg des Meeresspiegels, schon bei einer Sturmflut zum Beispiel, die Zerstörung der Strandwälle und ihrer Gefüge zur Folge hat.

Der Schelf

Ausserhalb des Einflusses von Ebbe und Flut finden wir auf dem Meeresgrund Teppiche von Algen und höheren Pflanzen, die eine reiche Tierwelt beherbergen. Diese Meereszone ist zweifellos die Wiege allen Lebens. In dieser Zone sind die meisten grossen Tiergruppen in grauer Vorzeit entstanden,
auch die Wirbeltiere, zu denen wir ja selbst auch gehören. 46
Immer wieder, auch während der jüngeren Erdgeschichte, sind in dieser Zone neue Tiergruppen entstanden und später nach und nach entweder in grössere Tiefen der Meere oder aber auf das Land abgewandert, wenn sie sich an die neuen Lebensbedingungen anpassen konnten.
Viele Tiere dieses Lebensraums sind mikroskopisch klein, bilden aber oft so viele Kalkschalen, dass sie einen wesentlichen Anteil an den Ablagerungen dieser Zone haben. Besonders Einzeller aus der Gruppe der Foraminiferen werden hier gebraucht, um die Ablagerungsgesteine näher zu definieren. Grosse Foraminiferenschalen haben komplizierte innere Strukturen, welche man auch in schiefen Schnitten identifizieren kann. Deshalb eignen sich vor allem grössere Foraminiferen besonders, um harte Ablagerungsgesteine zu charakterisieren, die keine freien Versteinerungen liefern. Solche harten Gesteine werden mit einer Diamantsäge in Scheiben geschnitten. Eine polierte Scheibenfläche wird auf einen Glasträger aufgeklebt und so lange abgeschliffen, bis nur noch eine Schicht von sieben bis zehn
tausendstel Millimeter Dicke übrigbleibt. Der Dünnschnitt 47

48
Rogenstein. Dünnschliff, ×10

49
Kalk, aus Riffschutt aufgebaut. Die zackigen Bruchstücke stammen von Korallen. Dünnschliff, ×5

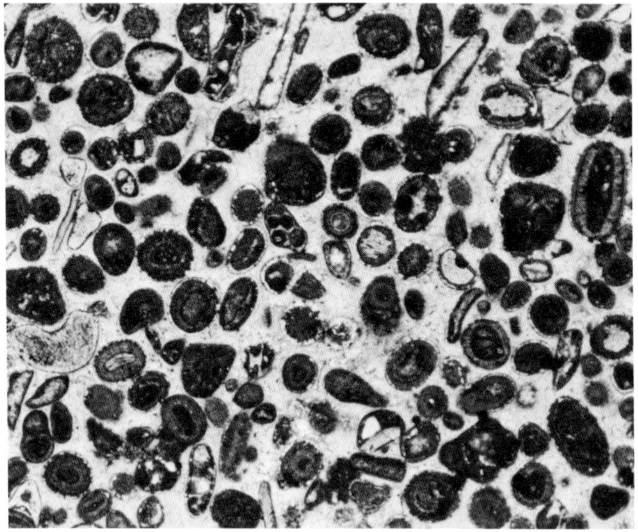

48

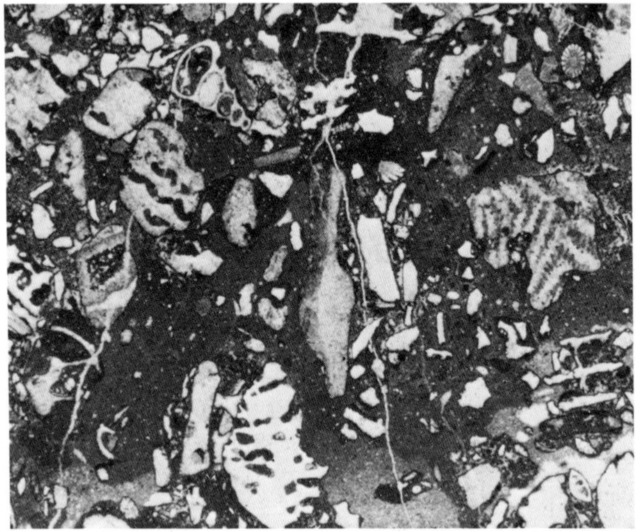

49

50 >
An der Untergrenze der belichteten Zone des Meeres. Letzte Korallenstöcke wachsen auf Riffschutt; Ausblick in die Weite des offenen Schelfs. Elat, Rotes Meer, 70 m Tiefe

51 >
Planktonische Foraminiferen der Oberkreide (Globotruncanen) sind in den Ablagerungsgesteinen jener Zeit sehr häufig. Ihr charakteristischer, kästchenförmiger Querschnitt lässt sich mit einer Lupe auf einer frischen Bruchfläche des Gesteins leicht erkennen. Dünnschliff, ×20

des Gesteins wird durchsichtig und kann im Lichtmikroskop
studiert werden. Die im Gestein eingebetteten Schalen der
Versteinerungen werden als Schnitte sichtbar. Jede Schale
nimmt in verschiedenen Schnittlagen verschiedene Formen
an. Es ist eine besondere Kunst (und auch ein besonderer 47
Beruf), die Tausende von verschiedenen Kleinstversteine-
rungen auseinanderzuhalten und ihre Schnittbilder richtig
zu deuten.

Wo nur wenig oder kein Material vom Kontinent auf den
Schelf gebracht wird, wachsen Korallen und bilden Riffe im
tropischen Klimagürtel. Da sie bis zur Wasseroberfläche
emporwachsen, sind sie ein Hindernis für die Meeresströ-
mungen auf dem Schelf und beeinflussen die Wege, die die
Wassermassen über dem Festlandssockel einschlagen. Zwi-
schen den Korallenriffen werden die eingeengten Strömun-
gen so stark, dass der Pflanzenteppich weggerissen oder
vom Sand verschüttet wird. Durch das Hin- und Herrollen der
Sandkörner in den Wasserwirbeln lagern sich kalkige 48
Kugelschalen um jedes Sandkorn ab. Die beweglichen
kleinen Kugeln bilden unter Wasser ausgedehnte Dünenfel-
der, ähnlich wie Sandwüsten auf dem Land. Jahrmillionen
später erkennt man solche Dünen an der konzentrischen
Struktur der Körner. Wie Fischrogen sitzen die Körner
dichtgepackt im Gestein und geben ihm auch seinen
Namen, Rogenstein.

Während Rogensteine Ablagerungen einer Wüste unter
Wasser sind und deshalb nur sehr wenige Versteinerungen
enthalten, werden die Riffe von festgewachsenen Organis-
men aufgebaut. Korallen, Hydrozoen und Kalkalgen sind
massgebend am Riffbau beteiligt. Während der Riffkern
schon zu Lebzeiten des Riffs umkristallisiert und damit die
Spuren der Riffbaumeister verwischt werden, bleibt der 49
Schutt, der sich am Fuss der Riffe sammelt und aus Bruch-
stücken der aufbauenden Korallen und Algen besteht, oft
gut erhalten. Der Riffschutt liefert einige der reichsten
Fossilfundstellen, die wir kennen.

Riffkorallen im Gestein geben uns wertvolle Hinweise auf
die Wassertiefe der ursprünglichen Ablagerung: Da die
riffbildenden Korallen mit einzelligen Algen zusammenle-

50

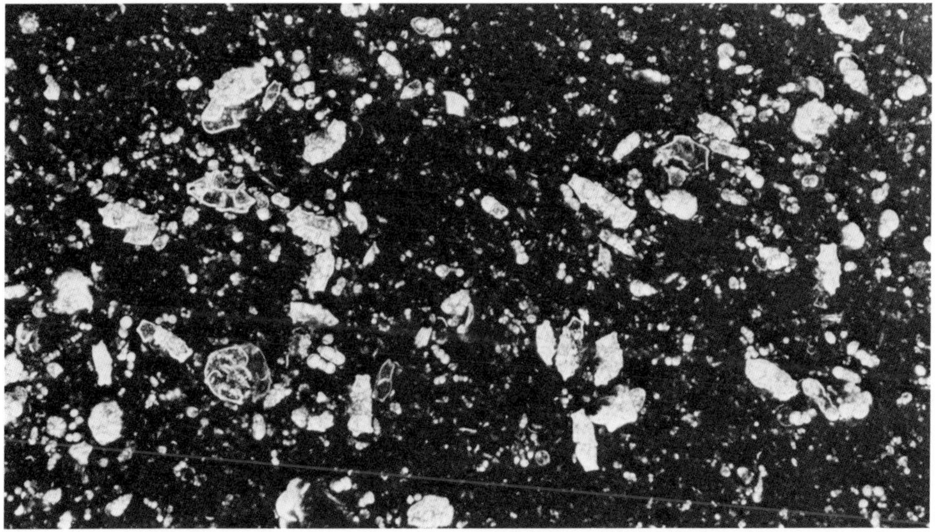
51

ben, brauchen sie eine bestimmte Menge Sonnenlicht. Dieses dringt im besten Fall bis etwa hundert Meter in das Meer hinunter. Tiefere Meeresräume sind in ewiges Dunkel gehüllt, wo grüne Pflanzen nicht mehr gedeihen können. 50
Auf den äusseren Teilen der Schelfe, unterhalb der Lichtgrenze, stellen sich neue Tiergesellschaften ein, die den Meeresgrund lockerer besiedeln und ihre Nahrung aus einem belichteten Lebensraum beziehen müssen. In den Ablagerungen spiegeln sich die Gesetze der Nahrungskette, denn neben den Überresten von Tieren, die den Boden des äusseren Schelfs besiedeln, findet man auch kleine Schalen von Organismen, welche in den belichteten oberen hundert Metern der Wassersäule schwebend leben. Die Welt der schwebenden Organismen, das sogenannte Plankton, liefert den grössten Teil der Nahrung, die das höhere Leben braucht, um in den finsteren Teilen des Meeres zu existieren.
Millimeterkleine Schalen von Plankton-Foraminiferen sind 51
in den Ablagerungen der tieferen Teile des Schelfs sehr häufig. Im tonig-mergeligen Gestein lassen sich die Schalen über ein Sieb auswaschen. Sie sind die wichtigsten Leitversteinerungen des jüngeren Erdmittelalters und der Erdneuzeit. In älteren Gesteinen werden die Leitfossilien vor allem von den Ammonshörnern gestellt. Die Ammoniten sind 75
versteinerte Schalen von Tintenfischen, verwandt mit dem heute noch lebenden Perlboot (Nautilus). Die Kammern der Schale waren mit Gas und Flüssigkeit gefüllt. Ein Hautstrang führte durch alle Kammern und ermöglichte, das Verhältnis von Gas und Flüssigkeit zu ändern, ein Mechanismus, der das Tier leichter oder schwerer machte, offenbar um ihm die tägliche Wanderung in grössere Meerestiefen zu erleichtern.

Der Kontinentalhang

Auf dem Kontinentalhang wird die durchschnittliche Neigung des Meeresbodens grösser. Wo Deltas bis an den Rand der Schelfe vorgebaut werden oder wo sich sonst die Ablagerungen auf dem Schelfrand häufen, lösen sich von Zeit zu Zeit Lawinen und fahren als Wolke in die Tiefe. Grosse

52
Flysch. Dünnschliff, ×10. Beachte Korngrössenabnahme nach oben. Die Foraminiferenschalen (Pseudosiderolites) stammen vom Schelfrand. Oberkreide. Niesengipfel

Mengen von abgelagertem Material geraten so ein weiteres Mal in Bewegung und werden in grösserer Tiefe wieder abgesetzt. Durch Wasserwirbel vermischen sich Tontrübe, feiner Sand und Wasser zu einer echten Emulsion wie Mayonnaise. Dieses Gemisch ist so schwer, dass grössere Steine fast schwimmen und daher leicht mitgerissen werden, wenn sich die Masse bewegt. Solche Unterwasserlawinen nennt man Trübeströme.

Es braucht nur einen Anstoss, etwa ein kleines Erdbeben, um einen Trübestrom in Bewegung zu setzen. Die mit Steinen und Tonbrocken durchsetzte Emulsion rollt dann den Kontinentalhang hinab und fliesst auch über Hindernisse hinweg in die Tiefe. Auf dem Kontinentalhang selbst werden von der zerstörerischen Kraft der Trübeströme Täler ausgehoben, die nachfolgende Lawinen immer stärker kanalisieren. Die gröbsten Brocken bleiben am Kontinentalfuss liegen, der Trübestrom selbst kann sich aber über Hunderte von Kilometern in den Tiefseebecken ausbreiten und erst dort allmählich zur Ruhe kommen. Dabei setzen
52 sich zuerst die gröbsten Partikeln, später die feineren.

Die Ablagerungen der Trübeströme vergangener geologischer Zeiten sind leicht zu erkennen an ihrer regelmässigen Schichtung. In jeder Schicht sind die gröbsten Körner zuunterst, die jüngsten zuoberst. Das grobe Material hat sich oft auf einer Fläche abgesetzt, die von Furchen durchzogen war, Marken, welche von der Strömung der Lawine in die darunterliegende Schicht eingegraben wurden. Die Strö-
54 mungsmarken werden so als Ausguss auf der Unterseite der Bänke erhalten und lassen die Richtung erkennen, aus der die Lawine gekommen war. Viel organisches Material kommt durch die Trübeströme vom Schelf in die Tiefe. Eine
55 schlammfressende Tiergesellschaft hat sich darauf einge-
56 stellt, von diesem Material zu leben, und hinterliess zahlreiche Frass- und Grabspuren.

In den Alpen sind die Ablagerungen von Trübeströmen weit
53 verbreitet. Die plattige Natur der Sandsteine hat von alters her zu einer Ausbeutung des Gesteins als Dach- und Bodenplatten oder Baumaterial zum Mauerbau geführt. Auch heute noch wird dieser zähe Sandstein für besonders widerstandsfähige Strassenpflaster verwendet. Die Bauern der Zentralschweiz bezeichneten die plattigen Sandsteine mit dem Namen ‹Flysch›, einem Ausdruck, der sich auch bei den Geologen eingebürgert und in alle Welt verbreitet hat, denn Flysche, Ablagerungen der Trübeströme, sind in allen Weltmeeren und zu allen geologischen Zeiten entstanden; sie kommen deshalb in allen Gebirgen immer wieder vor. In den Alpen sind die Flysche nicht nur verbreitet, sie spielen auch bei der Gebirgsbildung eine ganz besondere Rolle. Der grosse Anteil von weichem, tonigem Material in den mächtigen Ablagerungen bewirkt, dass Flysche oft als Kissen für die Überschiebung von Decken aus härterem Material dienen. So geraten die Flysche oft zwischen die Deckeneinheiten hinein und dienen dann als Schmiermittel für den Transport der Decken. Das Vorhandensein von Flyschen verrät in so vielen Fällen die Lage der Überschiebungsbahnen im Gelände, dass der Geologe die Flysche auch als Deckenscheider bezeichnet.

52

53
Flyschbänke.
Guber bei Alpnach
54
Strömungsmarken auf der Unterseite von Flyschbänken.
Guber bei Alpnach
55
‹Zopfplatten›, Grabspuren unbekannter Tiere auf der Unterseite von Flyschbänken.
Guber bei Alpnach
56
Weidespuren unbekannter Tiere auf der Unterseite von Flyschbänken.
Guber bei Alpnach

53

54

57 >
Die Meeresablagerungen auf dem Rand des Nordkontinents, versteinert und in Falten gelegt, bedingen unter den gleichartigen Klimabedingungen der Alpennordseite einen einheitlichen Landschaftstyp: Tschingelhörner und Martinsloch am Segnespass. Glarner Hauptüberschiebung als Linie in der Landschaft deutlich sichtbar (vgl. Abb. 37). Luftaufnahme
58 >>
Entsprechende Landschaft in der Westschweiz: Dents-du-Midi, Unterwallis. Luftaufnahme

55

56

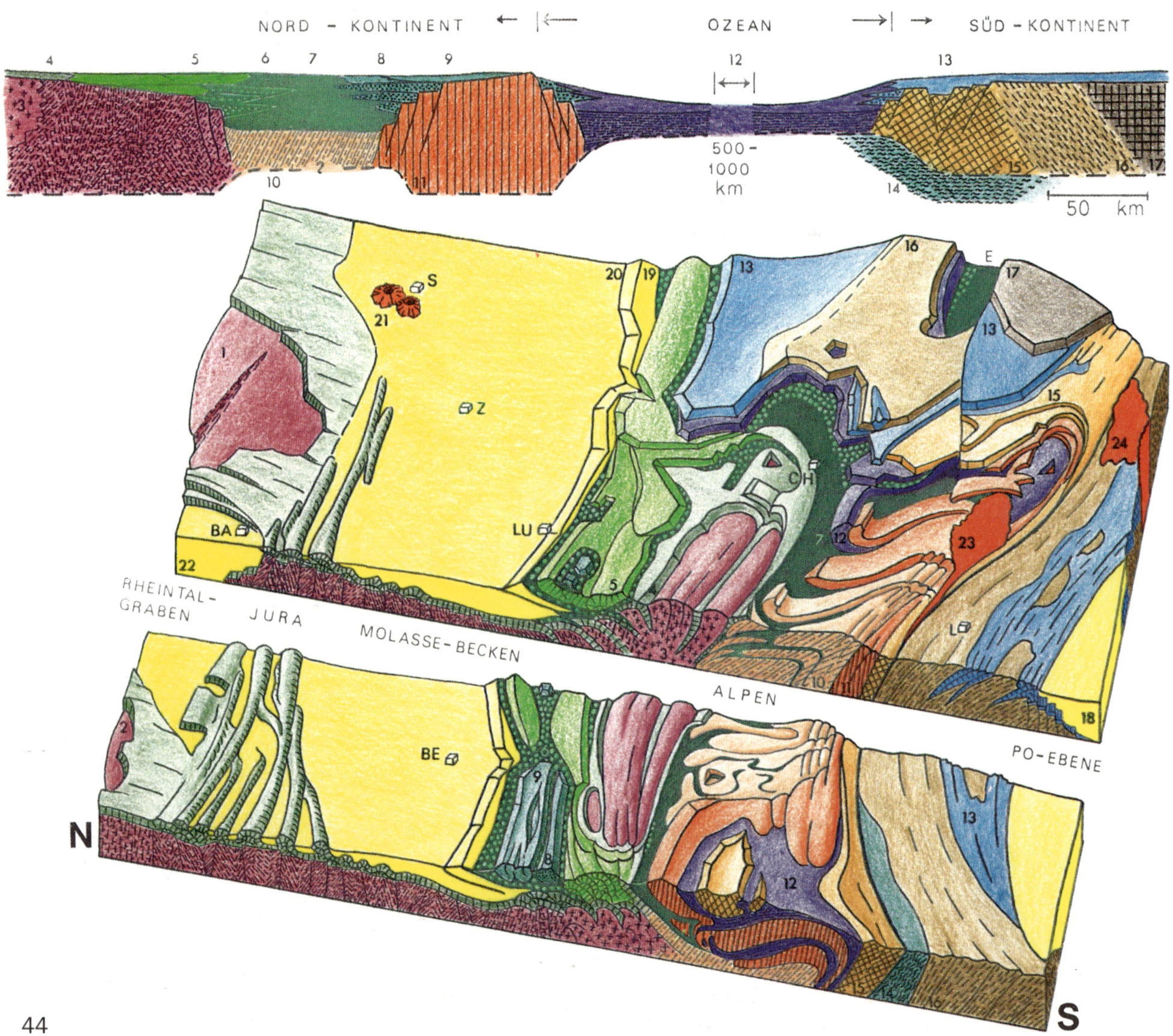

59
Schema zum Aufbau der Schweizer Alpen und ihres Vorlandes. Rekonstruktion der Lage der grossen Gesteinsverbände vor und nach der Gebirgsbildung.

BA: Basel, BE: Bern, CH: Chur, E: Engadin, L: Lugano, LU: Luzern, S: Singen, Z: Zürich.

Kontinentalsockel des stabilen Nordkontinents:
1 Schwarzwald
2 Vogesen
3 ‹Zentralmassive› der Alpen

Sedimenthaut über dem Sockel des Nordkontinents:
4 Wenig transportiertes ‹Autochthon› und ‹Parautochthon›
5 Weit transportierte ‹Helvetische Decken›.

Sedimenthaut und Sockel des unstabilen Randes des Nordkontinents (‹Nord- und Zentralpenninikum›):
6 Flysche verschiedenen Alters und verschiedener Herkunft
7 ‹Bündnerschiefer›
8 ‹Niesendecke›
9 ‹Simmen-, Breccien- und Klippendecke›.
10 ‹Lepontinische Decken› (Sockel des Nordpenninikums).
11 Sockel des Zentralpenninikums.

Ozeanboden und Tiefseeablagerungen auf ozeanischen Laven (‹Südpenninikum›):
12 Zone von Zermatt sowie Schamser-, Platta-, Falknis- und Tasna-Decken.

Sedimenthaut und Sokkel des Südkontinents:
13 ‹Südalpine› und ‹ostalpine›, als Dekken überschobene Sedimenthaut des Südkontinents.
14 ‹Ivrea-Zone›
15 Sesia-Zone und Dent-Blanche-Decke sowie Err-, Bernina- und Campo-Decken.
16 ‹Seenkristallin› und Silvretta-Decke.
17 ‹Ötz-tal-Kristallin›.

Gesteinsverbände, die nach der Hauptfaltungsphase entstanden sind:
18 Füllung des Po-Bekkens.
19 ‹Aufgeschobene› Molasse.
20 Füllung des Molassebeckens.
21 Hegau-Vulkane
22 Rheintalgraben-Füllung
23 Bergeller Granit
24 Adamello-Granit

Der offene Ozean

Ausserhalb des Bereichs der Trübeströme setzen sich auf dem Boden der ozeanischen Becken vor allem tote Schalen von Plankton-Organismen ab. Wenn die frei im Wasser schwebenden Tiere und Pflanzen absterben, sinken ihre Schalen langsam in die Tiefe. Erst seit wenigen Jahren verstehen wir, dass Kalksteine, die sich im Bereich der tieferen Ozeanbecken gebildet haben, fast ausschliesslich aus der Ablagerung solcher Schalen entstanden sind. Viele dieser Schalen sind nämlich so klein, dass man sie im Lichtmikroskop nicht mehr genau erkennen kann. Das Raster-Elektronenmikroskop bildet räumliche Körper in starker Vergrösserung mit einer ungewöhnlichen Tiefenschärfe ab. Es lässt erkennen, dass viele dieser Ablagerungen aus Kalkrädchen bestehen, die aus den Zellwänden grüner, einzelliger Algen stammen. Die Rädchen nennt man Coccolithen. Mehrere zusammen bilden eine Coccosphäre, die die lebende Zellwand panzert. Wenn die Alge abstirbt, lösen sich die Coccolithen aus dem Verband und sinken einzeln zu Boden. Kalksteine, die auf diese Weise entstanden sind, zeigen auf frischen Bruchflächen solche Rädchen im Raster-Elektronenmikroskop mit aller Deutlichkeit.
Unterhalb von etwa viertausend Metern Wassertiefe ist das Meerwasser so beschaffen, dass Kalkschalen aufgelöst werden und verschwinden. In solchen Tiefen kommen wir in den Bereich der roten Tiefseetone, wo sich nur kieselhaltige Schalen am Boden anhäufen können. Diese Kieselschalen stammen ebenfalls aus der schwebenden Tierwelt in den höheren Partien der Wassersäule. Sie haben die Forscher aller Generationen wegen ihrer bizarren Schönheit immer wieder fasziniert. Es sind die Kieselgerüste einzelliger Tiere, die wir Radiolarien nennen.
60 In den Alpen sind die roten Radiolarien-Hornsteine oder Radiolarite wichtige Anzeiger für die Stellen, wo Böden eines tiefen, offenen Ozeans in die Gebirgsbildung einbezogen wurden. Die Spuren der Radiolarien sind im Dünnschliff oft deutlich zu erkennen, aber eine nähere Bestimmung dieser Tiere ist nur in Ausnahmefällen möglich, weil man die Radiolarien nur allzuselten aus dem Gestein herauspräparieren kann.
Vom Flachwasser zum Tiefwasser erstreckt sich in den heutigen Meeren eine geordnete Folge von Ablagerungen, die wir zunächst in den Alpen wiederfinden, wenn die Bewegungen der Gebirgsbildung rückgängig gemacht werden. In den abgewickelten Decken zwischen Pilatus und Sustenpass, zwischen Säntis und Lukmanierpass finden wir die gleiche Reihenfolge der Ablagerungen wieder, wenn auch mit Lücken und Variationen. Die in diesen Decken enthaltenen Ablagerungsgesteine entsprechen deshalb den Ablagerungen einer breiten Schelfterrasse eines nördlichen, ‹europäischen› Kontinents. Sie fiel nach Süden langsam ab und wurde im Lauf der Jahrmillionen mit keilförmig gegen Süden dicker werdenden Ablagerungen beladen. In dieser ursprünglichen Reihenfolge der Ablagerungen spiegelt sich das Gesetz der Meere wider, eine Ordnung, die es uns erlaubt, das alpine Meer räumlich zu rekonstruieren. Gleichzeitig können wir die von der Gebirgsbildung zerrissenen Stücke des Meeresgrundes – wie die Perlen auf einer Schnur – zu einer sinnvollen Kette aufreihen.

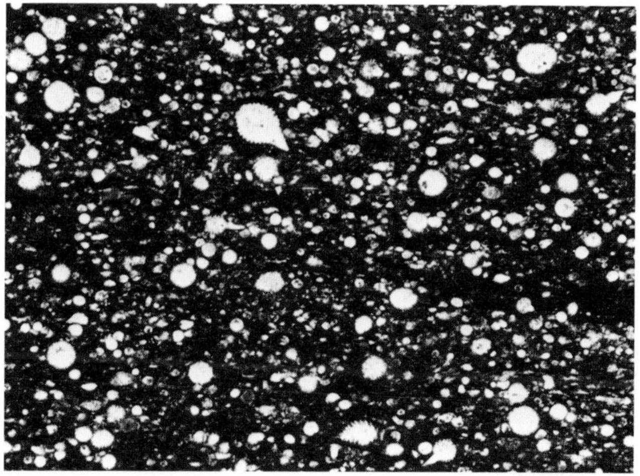
60

60 >
Radiolarienhornstein (Radiolarit) mit Radiolarien. Dünnschliff, ×20

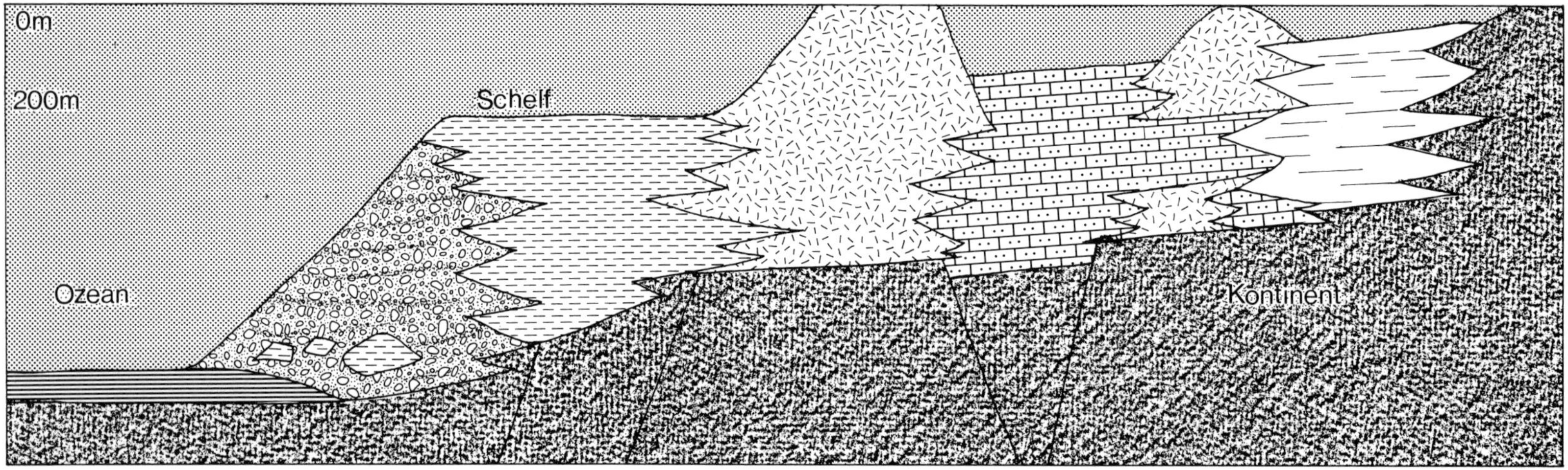

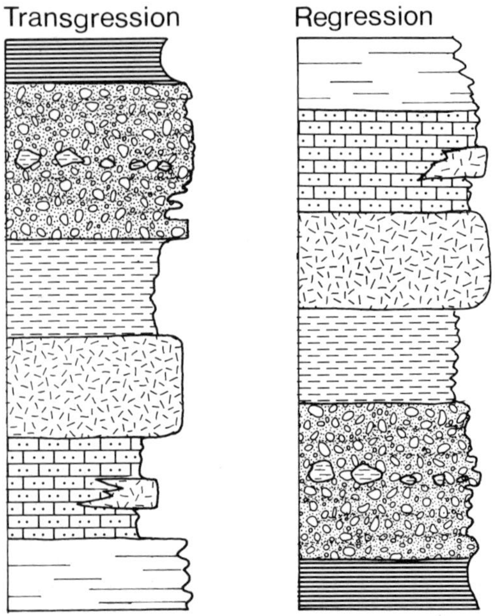

Das Meer, Wiege der Alpen

In einer bestimmten Region, zum Beispiel in den nördlichen Zentralalpen, gilt die Grundordnung der Ablagerungsgesteine, das Gesetz der Meere, nur für eine begrenzte Epoche der Erdgeschichte. Im Lauf der Jahrmillionen verschieben sich die Küstenlinien in bezug auf eine bestimmte Region. An ein und derselben Stelle können deshalb die Räume des Meeres vorbeiziehen im Lauf der Zeit und nacheinander Ablagerungen verschiedener Meerestiefen zurücklassen. So kommt es, dass wir Sedimente der Küste, des flachen und des tiefen Schelfs, des Kontinentalhangs und der Tiefsee
übereinandergestapelt finden. Die zeitliche Abfolge der 61
Ablagerungstypen im Schichtstapel spiegelt die wechselnde Geschichte der Meere. In dieser zeitlichen Abfolge müssen wir eine weitere Ordnung sehen, die dem Werden und Vergehen der Ozeane entspricht.

Ein Kontinent zerbricht

Die Geschichte der Alpen reicht nur bis in die Anfänge des Erdmittelalters zurück, bis in eine Epoche, die wir Trias nennen und die vor rund zweihundert Millionen Jahren begann. Damals lagen die heute bekannten Kontinente alle beieinander; sie bildeten eine gemeinsame Landmasse, einen ‹Altkontinent›. Dieser hat seinerseits schon eine nur lückenhaft bekannte, aber sicher sehr bewegte Geschichte hinter sich gehabt, bevor er von den Ablagerungen der Triaszeit grösstenteils zugedeckt wurde.

Die gemeinsame, kontinentale Landmasse ist während der Triaszeit zerbrochen. Grosse Grabensysteme, wie der heutige Rheintalgraben, haben sich über riesige Entfernungen ausgebildet und den Kontinent in einzelne Schollen zerlegt. Durch die Spaltensysteme der Gräben drangen mancherorts Laven, vulkanische glutflüssige Gesteinsmassen, heraus;
63 wie man das heute in der Afarwüste zwischen dem Hochland von Abessinien und dem Roten Meer beobachten kann. Das Land der Trias war allerdings keine Wüste, sondern ein mit Nadelwäldern bestandener Kontinent, dessen tropische, lateritische Erdböden die vielen Grabenfüllungen der Triaszeit rot gefärbt haben.

< 61
Das Meer greift im Lauf der Zeit auf den Kontinent über (‹Transgression›): Die Flachwassersedimente sind zuunterst, die Tiefwassersedimente zuoberst. Wenn das Meer sich vom Kontinent zurückzieht (‹Regression›), ist die Reihenfolge umgekehrt.

In manche Gräben dieses Kontinents ist Meerwasser eingedrungen. Vielerorts wurde das Wasser vom offenen Meer abgetrennt: Es entstanden Lagunen, wo das Meerwasser eindampfte. Kalke, Gips und Steinsalz sind aus der Lösung ausgefallen. Das Salz auf unserem Esstisch stammt aus solchen Lagunen dieser Zeit. Die Ablagerungen dieses Typs aus der Triaszeit erstrecken sich über ganz Zentraleuropa bis nach Spanien, Nordwest- und Westafrika. Ihre Fortsetzung finden wir in den östlichen Vereinigten Staaten. Sie charakterisieren auch den nördlichen Teil der Alpen, wo sie als Wegweiser des Geologen eine besondere Rolle spielen.

In den südlichen und südöstlichen Teilen der Alpen finden wir dagegen Ablagerungen eines Flachmeeres, das sich gegen Süden und Osten zu einem Ozean entwickelte. Im Südtessin, am Monte San Giorgio, sind Ablagerungen einer von Korallenriffen umgebenen Lagune erhalten, die nicht weit vom Festland entfernt gewesen sein kann. Im ruhigen Bodenwasser dieses geschützten Ablagerungsraums fehlte Sauerstoff. Deshalb haben sich neben Pflanzenresten auch
Tausende von Tierleichen erhalten, die teils im offenen 24
Meerwasser gelebt hatten – wie etwa die delphinähnlichen Fischsaurier –, teils aber auch vom Land eingeschwemmt worden waren wie das Raubtier Ticinosuchus. Die Lagunenablagerungen des Südtessins liefern so ein ausserordentlich vollständiges Bild des Lebens der Triaszeit zu Wasser und zu Land.

Ein Ozean entsteht

Am Anfang des mittleren Teils des Erdmittelalters, in einer Epoche, die wir Jurazeit nennen, vor rund 160 Millionen Jahren, hat sich der Kontinent im Norden des späteren alpinen Gebirges etwas gesenkt. Es entstand ein tropisches Flachmeer über dem kontinentalen Sockel, noch ausgedehnter als die heutige Nordsee. Berühmt für ihre Korallenriffe und ihren Reichtum an Versteinerungen aus dieser Zeit sind die Ablagerungen in den Jurabergen, die dieser Zeitepoche auch den Namen gegeben haben. Im Bereich der Alpen aber erweiterte sich zu einem Ozean, was sich zur Triaszeit als Grabensystem abzuzeichnen begonnen hatte. Die Kontinente rückten auseinander, wobei ihre Ränder gegen den Ozean auf vielfältige Weise einbrachen. In kleinerem Maßstab können wir einen solchen Vorgang heute im Roten Meer beobachten. Von diesem Moment der alpinen Erdgeschichte an haben wir mit zwei Kontinentalrändern zu tun, die sich Aug in Auge gegenüberstehen: Der Rand eines nördlichen, ‹europäischen› Kontinents fiel gegen Süden ab in einen Ozean, der Rand eines südlichen, ‹afrikanischen› Kontinents bildete in nördlicher Richtung Treppenstufen. Die Geschichte der gegenüberliegenden Kontinentalränder lief nach verschiedenen Fahrplänen, aber nach grundsätzlich ähnlichen Szenarien ab. Das heisst, dass ähnliche Stadien der Bildung eines kontinentalen Randes im Norden und im Süden zu verschiedenen geologischen Zeiten verwirklicht wurden.

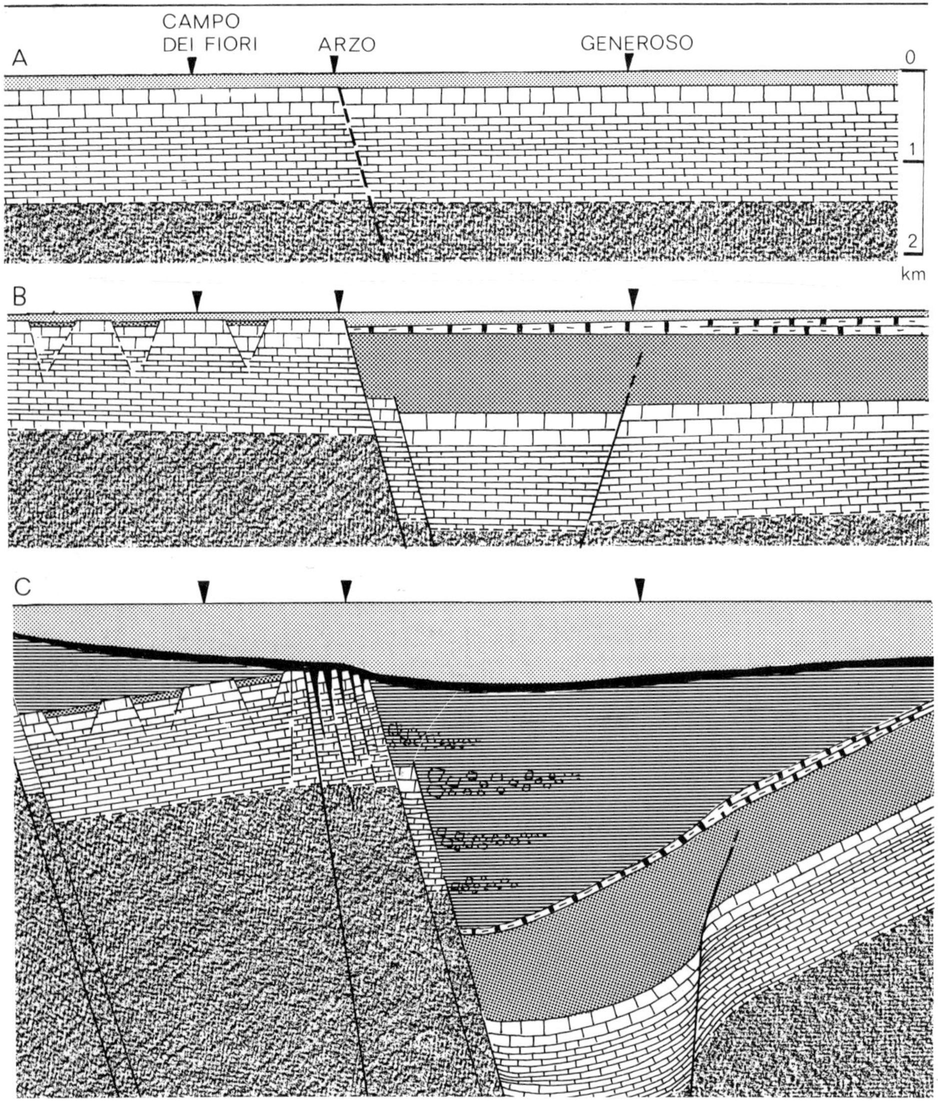

Wenn ein Kontinentalrand gebildet wird, muss früher oder später der Moment eintreten, wo Treppenstufen des Randes in die Tiefe absinken. Das Versinken des Untergrundes wird sichtbar durch einen Wechsel der Meeresablagerungen auf der Treppenstufe. Flachwassersedimente werden ersetzt durch Tiefwasserablagerungen. Plötzliche Wechsel dieser Art zeichnen sich besonders deutlich aus in den alpinen Schichtstapeln. Die Absenkung der Treppenstufen beweist, dass Kontinentalränder entstanden sind. Wo gegenüberliegende Kontinentalränder gebildet werden, muss auch ein Ozean dazwischen entstanden sein, auch wenn der grösste Teil des Ozeanbodens während der späteren Gebirgsbildung in die Tiefe verschwunden ist.

Der Rand des Südkontinents

Besonders deutliche Spuren des frühen Einbruchs an den Rändern des Südkontinents finden sich im Südtessin. Das heutige Luganer Tal hat sich entlang einer alten Bruchlinie gebildet. Auf der Ostseite des Tals finden wir die riesigen, eintönigen Massen der Jurakalke, die heute den Monte Generoso aufbauen. Diese Ablagerungen haben einst einen Graben von dreitausend Metern Tiefe aufgefüllt. Auf der 62
Westseite des heutigen Luganer Tals findet man nur noch Reste gleichaltriger Ablagerungen. An dieser Stelle war am Anfang der Jurazeit ein Horst, das heisst eine Erhöhung zwischen den Gräben, stehengeblieben. Er wurde nur von wenigen Metern Sediment eingedeckt, also von Ablagerungen, die gleichzeitig eine Versenkung des Untergrundes deutlich machen. Die sogenannten Marmore von Arzo, die oft als farbiger Schmuckstein an Bauten verwendet werden, 74
zeigen, wie die weisslichen, älteren Flachwasserkalke der Triaszeit nach ihrer Verhärtung zerbrochen und von Spalten und Klüften durchsetzt wurden. Die rote oder gelbe Schlammschicht, die sich in der Jurazeit über der zerbrochenen Hochzone abgelagert hatte, wurde bei der Öffnung der Spalten durch das entstehende Vakuum in die Tiefe gezo- 75
gen. Zahlreiche Ammoniten stammen aus diesen Spaltenfüllungen. Mit ihrer Hilfe lässt sich eine ganze Reihe von Spaltengenerationen zeitlich festlegen.

62
Einbruch des südlichen Kontinentalrandes während der frühen Jurazeit, rekonstruiert nach der Dicke der heute zwischen Generoso und Campo dei Fiori zugänglichen Ablagerungsgesteine im Südtessin. Schema C nach Bernoulli (1964)

63
Die äthiopische Wüste Afar zeigt heute, wie in der Triaszeit der Urkontinent über weite Strecken hinweg zerbrach: Brüche zerschneiden Lavafelder mitsamt einem vulkanischen Explosionskrater in lange, parallele Streifen, Zeichen einer Dehnung des kontinentalen Sockels

63

65

64, 65
Ablagerungen des Ozeanbodens: Radiolarite.
Arosa

66
Der Kieselgehalt der roten Hornsteine wird verraten durch den Bewuchs von besonderen Flechten, die man sonst nur auf kristallinen Gesteinen findet

67
Die Versenkung der ‹zentralpenninischen› Hochzone in tieferes Wasser wird angezeigt durch die Ablagerung roter Mergel mit planktonischen Organismen.
Jaunpass

66

67

68

Der Sockel aus Kristallingestein, der den Boden des alpinen Ozeans gebildet hat.
Typische Landschaft der Zone von Zermatt

69

Gabbro, quarzarmes Kristallingestein des Ozeanbodens

70

Kissenlava vom alpinen Ozeanboden, durch Metamorphose verändert

71

Granatkristalle in metamorpher ozeanischer Lava

70

71

72

Gestieltes Seelilientier (Metacrinus) aus heutigen Meeren. ½ nat. Grösse

73

‹Trochitenkalk›, Gestein, aufgebaut aus Seelilien-Stielgliedern. ×2

74

‹Marmore von Arzo›, Schnittfläche, verkleinert

75

Ammonshörner aus dem roten Sediment von Arzo, Südtessin. Paläontologisches Museum Zürich

73

75

74

Der Rand des Nordkontinents

Längs des nördlichen Kontinents bildeten sich in der Jurazeit langgestreckte Hochzonen aus, die sich der Achse der heutigen Alpen entlang weit über das Schweizer Gebiet hinaus in die französischen Westalpen erstreckten und auch gegen Osten in den österreichischen Alpen nachgewiesen werden können. Bruchzonen wie die oben erwähnte von Arzo sind hier nicht so deutlich ausgebildet, weil die Unterlage der jurassischen Ablagerungen nicht so kalkig-spröd, sondern weicher ist und oft Gips führt.

Die Ablagerungen aus der Jurazeit auf diesen Hochzonen sind lückenhaft und dünn. Typische Flachwasserschichten mit der Muschel Mytilus und kleine Kohlevorkommen zeigen an, dass stellenweise Inseln aus dem seichten Meer herausgeragt haben müssen. Ihre Pflanzendecke wird wohl ähnlich ausgesehen haben wie heutige Mangrovenwälder an den Küsten und in den Lagunen tropischer Meere.

Aus der Natur späterer Ablagerungen muss man schliessen,
dass die Hochzonen langsam abgesunken sind und als
Unterwasserberge, oder sogenannte Seeberge, von neuen
Tiergesellschaften besiedelt wurden. Die Reste gestielter
72 Federsterne bauen stellenweise das Gestein auf. Ganze
Wälder solcher festgewachsenen Tiere hielten offenbar die
73 Kuppen der Seeberge besetzt und filterten die Strömung
nach Nahrung aus. Aus den Anhäufungen der kalkigen
Stielglieder der Federsterne und anderer Schalen bildeten
sich kleine Lawinen an den Abhängen der Seeberge. Erst
spät, in der Kreidezeit, ist die Kette der Seeberge so weit
abgesunken, dass sie von Ablagerungen des offenen Ozeans
67 eingedeckt werden konnte.

Während der Gebirgsbildung sind die Ablagerungsgesteine
der Hochzone dann von ihrer Unterlage abgelöst und als
Decke nordwärts verfrachtet worden. Sie liegen heute auf
59 den Ablagerungen des nördlichen Schelfs am Nordrand der
Alpen und bilden die sogenannten Préalpes der Westschweiz.

Zwischen der Hochzone im Süden und dem seichten Schelf im Norden hat sich ein tiefes, langgezogenes Becken eingesenkt. Dieses hat grosse Massen von feinkörnigem Material abgefangen, das von Norden her ins Meer hinaus getragen wurde. Das tonige und sandige Material stammt von der Abtragung des Nordkontinents. Es wurde später, während der Alpenfaltung, durch erhöhte Drücke und Temperaturen so verändert, dass wir heute eintönige Schiefermassen vor uns haben. Sie sind besonders häufig in den östlichen Teilen der Schweizer Alpen, in Graubünden, wo sie der Landschaft ein ganz bestimmtes, traurig-eintöniges Gepräge verleihen. Während der Alpenfaltung haben diese sogenannten Bündnerschiefer oft eine ähnliche Rolle gespielt wie die Flysche als Deckenscheider und als Gleitmittel zwischen den grossen Deckeneinheiten.

Die Bündnerschiefer gehen nordwärts in eintönige, dicke, aber immer kalkreichere Schichten über, die am Rand des nördlichen Schelfs abgelagert wurden, bis wir zu den Flachwasserablagerungen kommen, die den ganzen Kontinent nördlich der Alpen zur Jurazeit bedeckten.

Der Ozeanboden zwischen den Kontinentalrändern

Zwischen dem nördlichen und dem südlichen Kontinental-
rand entwickelte sich ein Ozeanboden, der nur mit dünnen
Tiefseesedimenten überdeckt war. Offensichtlich war die-
ser Ozeanboden über weite Strecken so tief gelegen, dass
absinkende kalkige Schalen schwebender Organismen sich 60
wieder aufgelöst hatten, bevor sie den Boden erreichten. In
den roten Tiefseetonen findet man als Versteinerung nur die 64
Kieselschalen von Radiolarien. Die Kieselsäure dieser Scha- 65
len hat sich später im Sediment in Bewegung gesetzt und die 66
Ablagerungen zu Hornsteinen umgewandelt. Sie sind an
ihrer dunkelroten Farbe und ihrer ungewöhnlichen Härte
leicht zu erkennen, wo die Spuren der winzigen Radiolarien
verwischt werden. Im Tal des Oberhalbstein in Graubünden
hat man in Kriegszeiten Manganerze abgebaut. Diese sind
mit Radiolariengesteinen vergesellschaftet und könnten
sehr wohl die Reste von ozeanischen Manganknollenfeldern
darstellen. 68

Die ozeanischen Radiolariengesteine der Alpen werden von 69
bedeutenden Lavamassen begleitet. Diese bilden schwarze 70
und grünliche Gesteine, die auffällig schwer sind. Wegen 71

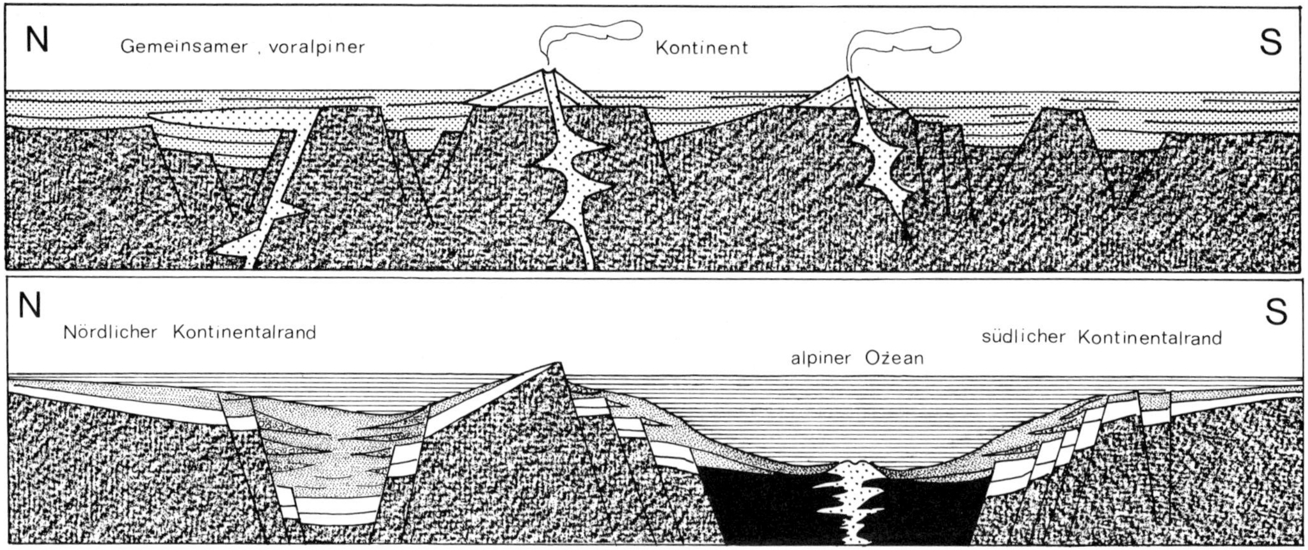

76
Schematische Rekonstruktion des Alpenraums während der Triaszeit (oben) und der Jurazeit (unten)

ihrer grünlichen Farbe nennt man sie auch Grüngesteine oder Ophiolite (‹Schlangensteine›). Sie sind von der Gebirgsbildung in den meisten Fällen chemisch verändert worden, können aber ihre vulkanische Herkunft nicht verleugnen. Manchmal ist auch ihre ursprüngliche Kissenform noch erhalten. Aus heutigen Meeren weiss man, dass Lava, wenn sie glutflüssig ins Meer austritt, solche Kissen bildet. Bei einem Vulkanausbruch auf Hawaii hat Lee Tepley die Bildung solcher Kissen im Meer sogar filmen können. Unter Wasser tritt die glutflüssige Lava wie Zahnpasta aus einer Tube unter schon erstarrten Krusten hervor. Rund um die flüssige Lava bildet sich ein Dampfmantel, der den Entzug der Wärme bremst. Im Dampfmantel kugelt sich der vorderste Teil der hervorgedrungenen Wurst ab und rollt zur Seite. Unter gelegentlichem Aufplatzen erstarrt die Lava
114 dann langsam zu einem rundlichen Körper von Kissengrösse.

Die Armut der alpinen Kissenlaven an Quarz und Feldspat lässt auf eine besondere chemische Zusammensetzung des Gesteins schliessen. Ähnliche Lavatypen kennt man aus den zentralen Teilen heutiger Ozeane. Deshalb liegt der Schluss nahe, dass auch die alpinen Kissenlaven Reste eines Ozeanbodens darstellen. Dieser Schluss wird gestützt durch die Deutung der die Ophiolite begleitenden Radiolarienhornsteine als Tiefseeablagerung.

Für das Ende der Jurazeit rekonstruiert der Geologe aus allen zur Verfügung stehenden Daten seiner Wissenschaft folgendes Bild des Raums, aus dem die Alpen später entstehen werden: Als nördlicher Kontinentalrand war einem breiten Schelf ein etwa Ost–West verlaufender Graben oder eine Reihe von Becken vorgelagert, welche die Abtragungsprodukte des Nordkontinents abfingen und sammelten, während auf den südlich anschliessenden Hochzonen nur wenig an Ort und Stelle produziertes Material zur Ablagerung kam. Einen Kontinentalrand von ähnlicher Ausdehnung im Raum
und von gleichartiger Gliederung finden wir heute vor der 76
Ostküste Nordamerikas zwischen Florida und den Bahamas. Die in jüngster Zeit genauer erforschte Abfolge von Ablage-

rungen in diesem Teil des Atlantiks hat viel dazu beigetragen, die Verhältnisse auf dem alpinen, nördlichen Kontinentalrand der Jurazeit genauer zu deuten.

Ein südlicher Kontinentalrand, eher treppenförmig abgestuft, ist schon früh abgesunken gegen einen Ozean, dessen Boden einen breiten Raum zwischen beiden Kontinentalrändern einnahm. Heute, nach der Alpenfaltung, liegen die Trümmer beider Kontinentalränder übereinander, getrennt
56 von kümmerlichen Überresten des Ozeanbodens. So zieht sich von Westen nach Osten die ursprüngliche Grenze zwischen Europa und Afrika mitten durch die Alpen. Die heutige Trennung der Kontinente durch das Mittelmeer ist für die Geologie ein junges Nebenereignis der Erdgeschichte. Im Vergleich zur weltweiten Bildung alpiner Gebirge hat die Einsenkung des Mittelmeeres nur lokale Bedeutung.

Erste Anzeichen einer Gebirgsbildung

Im späten Erdmittelalter, während der Kreidezeit, vor etwa hundertzwanzig Millionen Jahren, machten sich die ersten Anzeichen einer Gebirgsbildung im Alpenraum bemerkbar. An den Kontinentalhängen und an den Böschungen der im Schelf eingesenkten Becken wurden durch häufige Erdbeben Trübestromlawinen ausgelöst. Dieses Material häufte sich am Fuss des nördlichen und des südlichen Kontinents an und füllte auf dem Nordkontinent das im Schelf eingesenkte Becken auf. Beide Kontinente, nördlich und südlich der Alpen, sind am Ende der Kreidezeit gehoben worden. Die seichten Kreidemeere haben sich von den Kontinenten zurückgezogen, wodurch die Abtragung der Landmassen wieder in Gang gesetzt wurde. Dieses Material ist ins alpine Meer geraten und von den Trübeströmen in die Tiefe verfrachtet worden. Gleichzeitig liefert das Material der Trübeströme auch Hinweise darauf, dass im alpinen Meer Bewegungen stattfanden, die eine Zerstörung und Abtragung früher abgelagerter Sedimente bewirkten. Stellenweise muss sogar der kristalline Untergrund der Ablagerungen freigelegt worden sein.

Die Bewegungen während der beginnenden Gebirgsbildung können aus den Ablagerungen jener Zeit nicht bis in alle Einzelheiten abgelesen werden. Aus den geologischen Daten, die ausserhalb des Alpenraums gewonnen wurden, muss man schliessen, dass nicht nur ein Nord-Süd-Zusammenschub stattfand, sondern dass auch Ost-West-Verschiebungen eine grosse Rolle in der Gebirgsbildung gespielt haben müssen. Der beginnende Zusammenschub und die gigantischen seitlichen Verschiebungen gingen in der Geborgenheit der Tiefe vor sich, meist unter Meeresbedekkung.

Vom Anfang der Erdneuzeit, die vor etwa siebzig Millionen Jahren begann, bis ans Ende der sogenannten Eozänzeit vor rund vierzig Millionen Jahren wurde der alpine Meeresraum 77
immer enger. Die Schelfe an den Kontinentalrändern wurden schmal; von einem offenen Ozean findet man keine Spuren mehr in dieser Zeit. Die Ablagerung von Trübeströmen ging aber weiter und schien das verbleibende Meer aufzufüllen, während in der Tiefe die Alpenfaltung weiter fortschritt. Erst im jüngeren Teil der Erdneuzeit, nach der 40-Millionen-Jahr-Marke, wurde aus dem Ablagerungsraum des Meeres langsam ein Gebirge, erhob sich die Kette der Berge langsam aus dem Meer, das die Wiege der Alpen war.

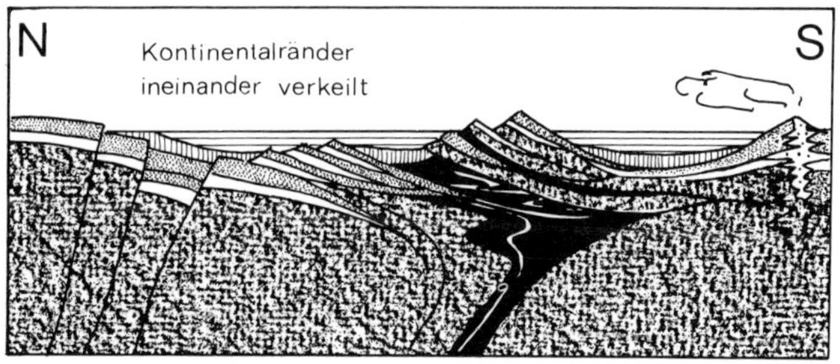

77

77
Schematische Rekonstruktion des Alpenraums am Anfang der Erdneuzeit

In den Tiefen der Erdkruste

< **78**
Blätter (Annularia, Mixoneura und Pecopteris) der alpinen Steinkohlewälder, in Graphit umgewandelt. Col de Balme, Unterwallis. Naturhistorisches Museum Basel

Ein alter Kontinent bildet die Unterlage der Meeresablagerungen

Unter den Ablagerungen des Meeres, aus dem die Alpen hervorgingen, besteht die Erdkruste aus der Masse der Gesteine, die den Kontinent vor zweihundert Millionen Jahren aufbauten. Es wurde schon erwähnt, dass dieser Kontinent seinerseits eine Geschichte hat, die selbst über vierhundert Millionen Jahre gedauert hatte. Die jüngsten Ereignisse dieser älteren, voralpinen Geschichte prägen die Zusammensetzung der Gesteine jenes Altkontinents, Gesteine, die den Sockel bilden, auf dem sich die Ablagerungen der alpinen Meere abgesetzt haben.
Der grösste Teil des Altkontinents besteht aus kristallinen Gesteinen. Diese geben Auskunft über Veränderungen von Druck und Temperatur in der Erdkruste während der früheren Erdgeschichte. Wo Sockelgesteine später in den Bau des alpinen Gebirges einbezogen wurden, sind die Zeichen der älteren Geschichte durch die jüngere Gebirgs-
79 bildung überprägt worden. Nur stellenweise sind Ablagerungen voralpiner Zeiten von der Abtragung des Altkontinents verschont geblieben. Sie erzählen stotternd Bruchstücke der Erdgeschichte, die sich an der Erdoberfläche des Altkontinents abgespielt haben.

Der Altkontinent und seine Geschichte

Die Geschichte des Altkontinents ist vom Werden und Vergehen von Gebirgen geprägt. Die Spuren der jüngsten Ereignisse belegen vor allem die Abtragung eines grossen Gebirges und den Aufstieg von Granitkörpern aus der Tiefe der Erdkruste bis unter die Oberfläche, wie das auch für die jüngste Phase der Gebirgsbildung der Alpen der Fall war. Von den Vorgängen an der Oberfläche des Altkontinents erzählen drei ‹Hauptzeugen›:
In den Westschweizer Alpen enthalten die Sockelgesteine noch Ablagerungen groben Schuttes aus der Steinkohlenzeit, die etwa 270 Millionen Jahre zurückliegt. Zwischen den groben Konglomeraten sind bei Finhaut im westlichen
Wallis Kohlenschichten und Tonschiefer mit zahlreichen 78
Pflanzenresten erhalten.
Während des Zweiten Weltkriegs versuchte man, diesen isolierten Rest der Steinkohlenwälder in den Alpen abzubauen. Ein Kollege, der damals als geologischer Berater zugezogen wurde, beobachtete, wie ein Hydrant auf dem Verladeplatz der Kohle installiert wurde. Er wunderte sich über diese übertriebene Vorsicht, denn die Kohle von Finhaut war berüchtigt dafür, dass man sie nur mit grössten

Schwierigkeiten überhaupt zur Entzündung brachte. Auf eine diesbezügliche Frage antwortete man ihm lächelnd, dass der Hydrant gebraucht werde nicht um die Kohle zu löschen, sondern um sie zu netzen. Erstens werde sie dadurch schwerer, und zweitens sei sie nur im nassen Zustand wirklich schwarz, wie der Käufer das von Steinkohle eigentlich erwarte. Diese Anekdote veranschaulicht die Veränderung, die die Gesteine des Sockels während der späteren Alpenfaltung durchgemacht haben.

In den Ostschweizer Alpen bilden Teile mächtiger Schuttfächer die Basis der Decken am nördlichen Alpenrand. Diese als Verrucano bezeichneten Schichten sind Reste der Abtragung voralpiner Gebirge aus der Permzeit, die nur unwesentlich jünger ist als die Steinkohlenzeit. Der Verrucano entspricht den Ablagerungen eines Gebirges nach seiner Heraushebung in der letzten Phase seiner Entstehung. Das Werden und Vergehen von Gebirgen wiederholt sich eben mehrmals im Lauf der gesamten Erdgeschichte.

In den Südalpen, zum Beispiel südlich von Lugano, ist noch der Unterbau von Vulkanen aus der Permzeit erhalten. Die roten Pflastersteine aus Porphyr, die so manche Haarnadelkurve der Alpenstrassen zieren, stammen von diesen Vulkanen. Auch der Vulkanismus ist eine Erscheinung, die mit der Spätphase der Gebirgsbildung verknüpft sein kann. So sind auch nach der Alpenfaltung einige bescheidene Vulkane
nördlich des Bodensees im Hegau entstanden, ein feuer- 98
spuckendes Pünktchen auf dem I der Alpenfaltung.

Am Ende jeder Gebirgsbildung dringen aus den Tiefen der Erdkruste granitische Schmelzen auf und erstarren unter der Oberfläche. Auf diese Weise bilden sich Granitstöcke, die von der späteren Abtragung gerne freigelegt werden. Mit den Sockelgesteinen des Altkontinents sind auch einige solcher granitischen Massive in die Alpenfaltung einbezo-
gen worden. Sie wurden bei der Abtragung der Alpen ein 95
zweites Mal freigelegt, wie zum Beispiel die Granite des 93
Aare-Gotthard-Massivs im Herzen des Gebirges. Im Gegensatz zu den jungen, alpinen Graniten des Bergells sind die Granitstöcke im Sockel von der Gebirgsbildung der Alpen deformiert und auch chemisch umgewandelt worden.

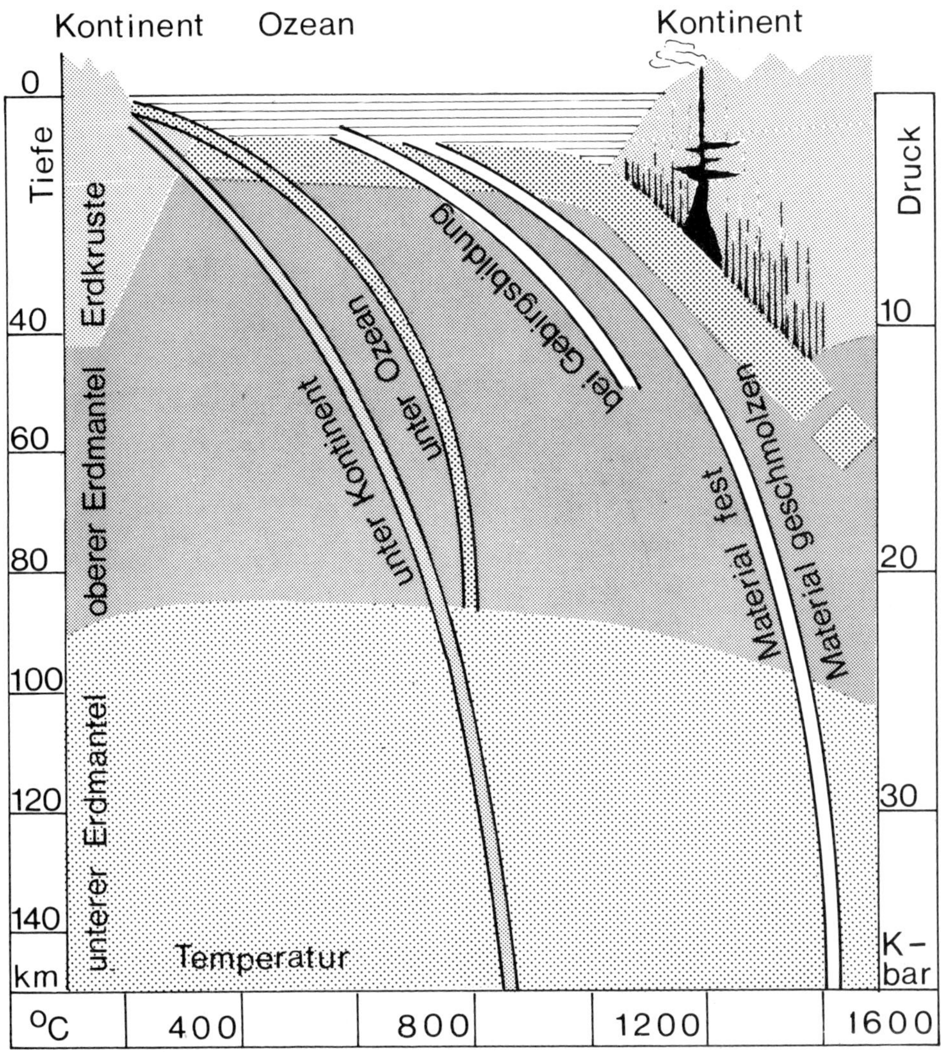

Eine der grossen Schwierigkeiten bei der Rekonstruktion des Raums, aus dem die Alpen entstanden sind, besteht darin, die in Decken abgescherte Haut aus Ablagerungsgesteinen auf ihren ursprünglichen Sockel zurückzuschieben, weil eben dieser Sockel selbst in unabhängiger Weise deformiert, gefaltet und sogar in Decken gelegt wurde. Nur im untersten Stockwerk des Gebirges, am Nordrand der Alpen und in den nur wenig gefalteten Südalpen, trägt der Sockel noch grössere Teile seiner ursprünglichen Bedekkung mit Ablagerungsgesteinen aus dem alpinen Ozean. Im zentralen Teil der Alpen wird die Zuordnung von Sockel und Sedimenthaut ausgesprochen schwierig. Wie immer auch Einzelheiten interpretiert werden mögen, für ein übersichtliches Bild des alpinen Ozeans ist nur wesentlich, kontinentale Sockel von ozeanischer Kruste auseinanderzuhalten. Die entsprechenden kristallinen Gesteine unterscheiden sich aber durch ihre chemische Zusammensetzung. Sie sind reich an Quarz und Feldspäten im kontinentalen Sockel, arm an Quarz und Feldspäten unter den Ozeanen. Diese Unterschiede sind auch nach den Veränderungen der Sockelgesteine durch die Gebirgsbildung noch erkennbar.

Das Thermometer der Gebirgsbildung

Die Verteilung der kristallinen Gesteine im Gebirge folgt eigenen Gesetzen, die von Druck, Temperatur und chemischer Zusammensetzung regiert werden. Je tiefer man in die Erdkruste hinunterkommt, desto stärker steigen Druck und Temperatur an. Pro Kilometer Tiefe nimmt der Druck im Mittel um 250 Atmosphären zu, und die Temperatur steigt um 30 °C. Unter den Kontinenten, wo die Erdkruste über 80
dem Erdmantel etwa vierzig Kilometer dick ist, steigen Druck und Temperatur gleichmässiger und langsamer an als unter den Ozeanen, wo nur zehn Kilometer Kruste den Fluss der Wärme aus dem Erdinnern zur Erdoberfläche weniger bremsen. Wo einseitiger Druck der Gebirgsbildung und besondere Umstände im Erdmantel eine Rolle spielen, werden Druck und Temperatur noch höher und erreichen schliesslich diejenigen Werte, bei denen das Gestein

schmilzt. Die meisten Druck- und Temperaturbedingungen, die während einer Gebirgsbildung in den Tiefen der Erdkruste entstehen, erreichen den Schmelzpunkt des Gesteins nicht ganz. Trotzdem wandeln sich viele Mineralarten um. Neue Kristalle entstehen im Gestein und geben ihm ein
89 neues Aussehen. Diese Umwandlung haben wir Metamor-
90 phose genannt. Wenn stellenweise glutflüssige Schmelzen aus dem Erdinnern aufsteigen und das umgebende Gestein von der Hitze umgewandelt wird, sprechen wir von einer Kontaktmetamorphose. Schwach metamorphe Gesteine verraten ihre Umwandlungsbedingungen oft durch ihre schieferige Textur, die durch Glimmerschuppen zustande kommt, und durch ein grünliches Leitmineral, den Chlorit. Man spricht deshalb oft von Grünschiefern. Nimmt der Druck zu, so entstehen Blauschiefer, die das bläuliche Mineral Glaucophan enthalten.

Eine mittelstarke Metamorphose ist durch sogenannte Amphibolitgesteine gekennzeichnet, die sich vor allem aus Feldspäten und Hornblenden, einem dunklen, stengeligen Mineral, zusammensetzen. Granite, die den Bedingungen der mittelstarken Metamorphose ausgesetzt waren, haben sich zu Gneisen umgewandelt, die gleichzeitig hellen und dunklen Glimmer enthalten (Zweiglimmergneise).

Während in den Alpen Gesteine, die unter besonders hohen Temperaturen umgewandelt wurden (sogenannte Granulite), fehlen, gibt es stellenweise Zeugen besonders hoher Drücke, sogenannte Eclogite. Sie sind arm an Feldspat und bestehen vor allem aus den Mineralen Pyroxen und Granat. Die Granatkristalle erkennt man als rote Flecken im Gestein, die Pyroxene sind grünlich. Da die Kristalle unter besonders hohen Drücken gewachsen sind, wurden die Atome in dichte Kristallgitter gepackt. Diesen Vorgang erkennt man an der ungewöhnlich hohen Dichte dieses silikatischen Gesteins. Man vermutet, dass solche hohen Drücke nur an bestimmten Stellen im Gebirgsbau entstehen, nämlich dort, wo beim Zusammenschub der Alpen Ozeanboden unter anrückende Kontinentalkruste gepresst wurde. Deshalb sind die Eclogite eine Art Fiebermesser der Gebirgsbildung für die allertiefsten Ereignisse in der Erdkruste.

81 >
Faltenachse in einem kristallinen Schiefer

82 >
Gefältelter Gneis, polierter Anschnitt

83 >
Steile Faltenachsen charakterisieren den Baustil des untersten Stockwerks der Alpen, das im Tessin zutage tritt

Die Fieberkurve der Gebirgsbildung

Die voralpine Gebirgsbildung im Altkontinent hat im späteren Bildungsraum der Alpen eine mittelstarke Metamorpho-
se hinterlassen. Das heisst, dass der grösste Teil der 89
kristallinen Sockelgesteine von einer voralpinen Gebirgsbildung schon geprägt war, als sie von der späteren Alpenfaltung ein zweites Mal erfasst wurden. In der alpinen Gebirgsbildung hat die mittelstarke Umwandlung der Gesteine aber nur die tiefsten Stockwerke des alpinen Baus erfasst, während die höheren Etagen in den zentralen Teilen der Alpen nur schwach metamorph sind. Wo also Gesteine des kristallinen Sockels aus dem Altkontinent in die alpinen Decken der höheren Stockwerke einbezogen wurden, wird die mittelstarke Metamorphose aus den Zeiten der voralpi-
nen Gebirgsbildung durch eine schwache Umwandlung 90
überprägt. Die Gesetze der Metamorphose des Gesteins in Abhängigkeit von zunehmenden Drücken und Temperaturen laufen in diesem Fall rückwärts; man spricht deshalb auch von rückwärts gerichteter Umwandlung oder Retromorphose.

Die Umwandlung der Gesteine während der Gebirgsbildung ergreift aber nicht nur kristallines Ausgangsmaterial, sondern alle Gesteine eines bestimmten Raums, also auch Ablagerungsgesteine. Die Fronten der Metamorphose ziehen schief durch die Decken. Deshalb muss die Umwandlung der Gesteine – mindestens teilweise – jünger sein als die Bewegungen der Erdkruste, die den Deckenbau der Alpen verursacht haben. So ist denn auch die mittelstarke Metamorphose in den untersten Stockwerken des alpinen Gebäudes ein Vorgang, der zur Endphase der Gebirgsbildung gehört.

Das unterste Stockwerk der Alpen tritt im Tessin zutage und erstreckt sich vom Simplonpass im Westen bis nach Chiavenna im Osten. Diese ganze Region wurde unter den erhöhten Druck- und Temperaturbedingungen nicht in
grosszügige Falten gelegt, wie wir sie von den höheren 81
Stockwerken der Alpen kennen, sondern in unzählige meter- 82
bis zentimeterkleine Fältchen. Die Achsen der Fältchen

81

82

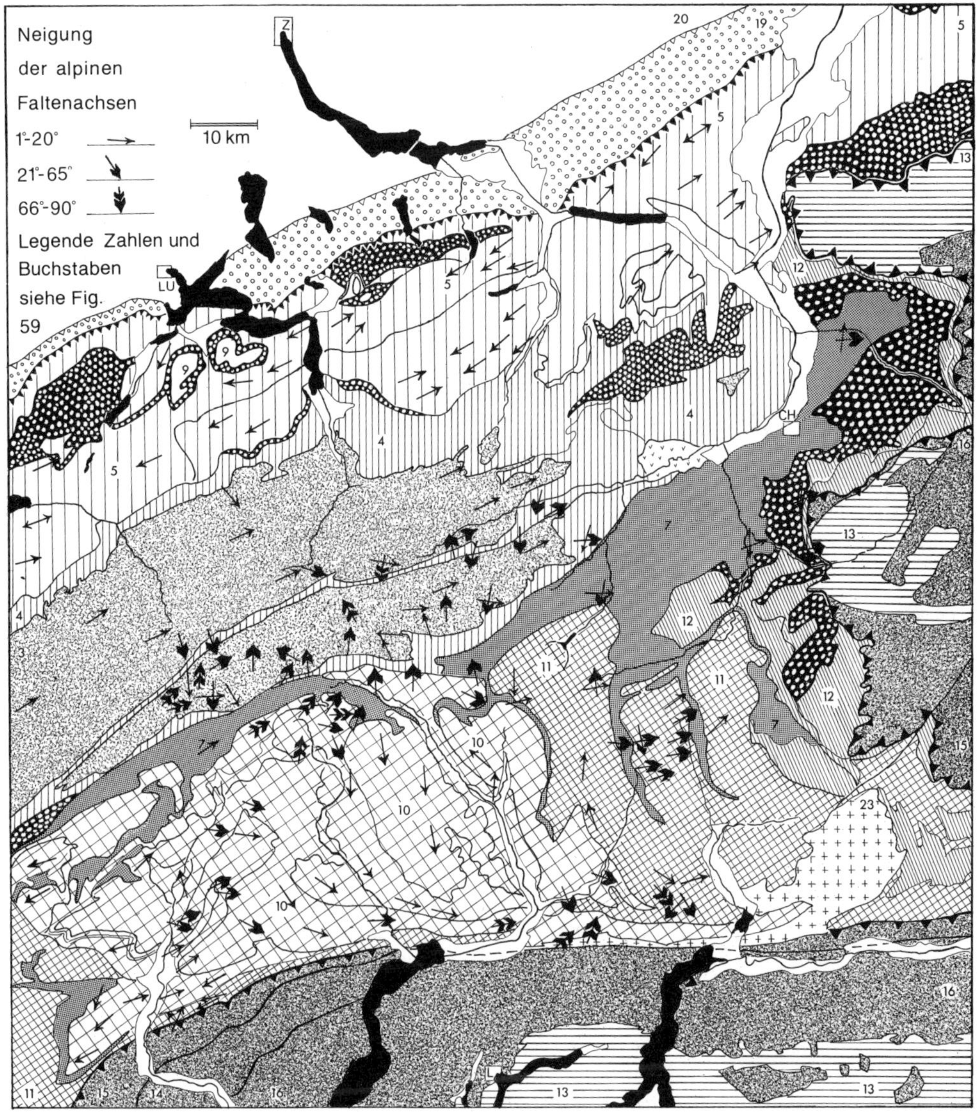

Neigung
der alpinen
Faltenachsen
1°-20°
21°-65°
66°-90°
10 km
Legende Zahlen und
Buchstaben
siehe Fig.
59

83

stehen oft steil oder sogar senkrecht, wie wenn man mit
einem Löffel im Brei gerührt hätte. Das statistische Bild der
83 eingemessenen Faltenachsen auf einer Karte veranschau-
licht den besonderen Stil der Verformung des Gesteins in
diesem tiefsten Stockwerk der Alpen. Man spricht hier nicht
mehr von einem Decken-, sondern von einem Schlingenbau.
Wo die Erdkruste durch seitliche Verschiebungen in der
Grössenordnung von etwa dreihundert Kilometern beson-
deren Belastungen ausgesetzt war, wie zum Beispiel östlich
von Chiavenna im Bergell, drangen stellenweise aus dem
tieferen Untergrund der Kruste granitische Schmelzen in
das Deckengebäude ein, blieben in den obersten Stock-
werken stecken und erstarrten. Im Dach sowie am Rand des
so entstandenen Granitstocks reichte die Wärmezufuhr
nicht aus, um alles umgebende Gestein aufzuschmelzen.
Schollen und Brocken des dunklen Gesteins, in das die
Granite eingedrungen waren, haben höhere Schmelzpunkte
als die helle Grundmasse des Granits selbst. Sie sind
deshalb im Granitkörper noch erhalten und verraten, welche
Gesteine den Platz des Granits früher eingenommen hatten.
Die unmittelbar nach der Platznahme des Granits mit
Restschmelzen gefüllten Gangschwärme sind nicht gefal-
31 tet. Das bedeutet, dass zumindest die mit dem Granitstock
verbunden Ganggesteine jünger sind als der Zusammen-
schub der Alpen.

Nach Abschluss der Gebirgsbildung hat sich der Alpenkör-
per langsam gehoben, und zwar am stärksten entlang einer
Nord-Süd-Linie, die etwa von Luzern nach Lugano verläuft.
Mit der Hebung setzte auch sofort die Abtragung ein und
zerstörte die obersten Stockwerke des Gebäudes. Ihr Schutt
liegt heute in den Molassebecken nördlich und südlich der
Alpen. Von der Abtragungsgeschichte der Alpen im einzel-
nen soll später die Rede sein. Durch die Erosion verringerte
sich der Überlagerungsdruck auf den untersten Stock-
werken der Alpen, und die Fiebertemperaturen gingen
zurück.

Den Zeitpunkt der Abkühlung des Gebirges können wir mit
84 Hilfe radioaktiver Isotope messen: Eine Anzahl von Elemen-
ten haben Isotope, die nach einer bestimmten Zeit radioaktiv
zerfallen. Das Mineral Glimmer zum Beispiel enthält in seinem Kristallgitter eine bestimmte Anzahl Atome des Elementes Kalium. Ein kleiner, aber ganz bestimmter Teil dieser Kalium-Atome sind radioaktive Isotope, die sich in ein anderes Element umwandeln. Die Geschwindigkeit des Zerfalls der Isotopen ist bestimmbar. Sie wird mit der Halbwertszeit angegeben, das heisst mit der Zeit, die verstreicht, bis die Hälfte des vorhandenen Materials zerfallen ist. Aus den Kalium-Isotopen entsteht das neue Element Argon. Argon ist aber ein Gas, das bei hohen Temperaturen aus dem Kristallgitter des Glimmers entweicht. Sinkt die Temperatur unter einen bestimmten Wert, so bleiben die Argon-Atome im Kristallgitter gefangen. Von diesem Moment an beginnt die radioaktive Uhr zu laufen. Je mehr Argon heute in einem Kristall gefunden wird, desto öfter hat sich aus einem Kalium-Isotop ein Argon gebildet, desto länger also ist die Uhr gelaufen, und desto älter ist der Zeitpunkt, an dem die Temperatur unter den bestimmten Schwellenwert sank und das Argon einschloss. Auf diese und ähnliche Weise bestimmt man nicht nur das Alter der Abkühlung in den Alpen, sondern auch die Bildung bestimmter Mineralarten im Gestein. Kristalle, die während der Metamorphose im Gestein neu wachsen, sind geeignet, das Alter der Gesteinsumwandlung zu bestimmen. Andere Minerale, die die Metamorphose unverändert überstehen, liefern Angaben über das Alter der Entstehung des Gesteins aus einer Schmelze.

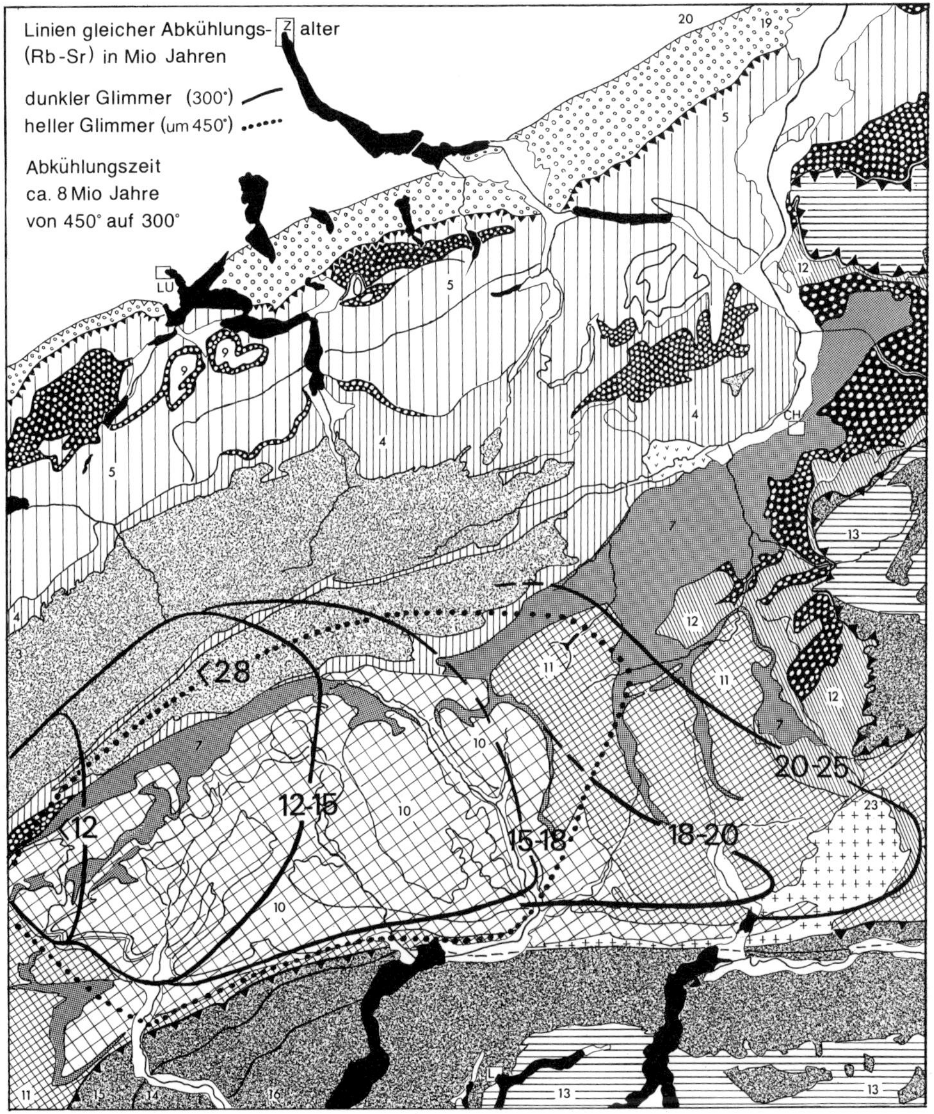

Die Mineralien und ihre Bedeutung

Das Auftauchen der Alpen ist mit einer bescheidenen Dehnung des Gebirgskörpers verbunden, die das Gestein bis in grosse Tiefen mit Rissen und Spalten durchsetzt hat. Auch die Abkühlung der tiefen Stockwerke und die Entlastung des Gebirgskörpers durch die Abtragung der obersten Stockwerke mögen dabei eine Rolle gespielt haben. In den Spalten und Rissen zirkuliert Wasser, teilweise unter erhöhten Temperaturen und Drücken, oft auch mit hohen Gasgehalten, vor allem mit Kohlensäuregas. Die Mineralquellen und Thermalbäder der Alpen illustrieren punktweise einen Vorgang, der in der Tiefe eine grosse Verbreitung haben muss.

Die zirkulierenden Wässer lösen aus dem angrenzenden Gestein Material heraus. Dieses bleibt im Wasser gelöst, bis fallende Drücke und Temperaturen das Lösungsvermögen der Wässer herabsetzen und die gelösten Stoffe an den Wänden der Klüfte ausgefällt werden. So entstehen die Kluftmineralien der Alpen als eine Folge der jüngsten geologischen Ereignisse in der Tiefe.

Die Verteilung der einzelnen Kristallarten in den verschiedenen Regionen der Alpen ist generell abhängig von der chemischen Zusammensetzung des Gesteins, in dem die Klüfte entstanden, und von den chemischen Eigenschaften der Wässer, die im Gestein zirkulieren. Im allgemeinen ist der Weg des Materials, das die Kristalle aufbaut, nur kurz; es stammt zum grössten Teil aus der unmittelbaren Umgebung, also aus der Unterlage, auf der ein Kristall wächst.

Die farbenprächtige, vielfältige Welt der Kluftmineralien wird zunächst eingeteilt in sogenannte Durchläufer, das heisst Mineralien, die allgemein verbreitet sind. Daneben unterscheiden wir Leitmineralien, die die besondere chemische Zusammensetzung des kristallinen Gesteins ihrer Unterlage widerspiegeln, und schliesslich Akzessorien, die nur an wenigen Fundstellen und auch dort nur als Seltenheit auftreten.

Durchläufer

6–9 Der häufigste Durchläufer ist das Mineral Quarz, der Bergkristall. Er besteht aus einer einfachen Verbindung von Silizium und Sauerstoff. Alle hellen kristallinen Gesteine sind quarzreich, deshalb kommen die Quarze bald als massige Füllung von Spalten, bald als Teppiche von Bergkristallen an den Spaltenwänden vor. Die Färbung der Varietäten Rauchquarz und Amethyst geht auf geringe Verunreinigungen des Kristallgitters zurück, indem einzelne Silizium-Atome durch andere Elemente ersetzt werden. Ausserdem spielt die radioaktive Bestrahlung des Kristalls aus dem Nebengestein heraus eine Rolle bei den Verfärbungen.

11 Der Kalium-Feldspat Adular und der Natrium-Feldspat Albit sind ebenfalls häufige Durchläufermineralien der hellen, feldspatreichen Gesteinskörper. Das grünliche, schuppigblättrige Mineral Chlorit kann als späte Kristallisation alle Kluftmineralien überziehen oder in Form eines grünlichfeinschuppigen Sandes den freien Raum der Klüfte ausfüllen. Solche Chloritpolster haben schon manchen wertvollen Kristall vor der Zerstörung bewahrt, wenn er durch sein eigenes Gewicht oder durch eine Erschütterung von seiner Unterlage abgebrochen ist.

Leitmineralien

Die Leitmineralien sind so zahlreich, dass wir nur einige wenige Beispiele erwähnen können. In den Graniten der Zentralmassive, zwischen Gotthard und Grimsel, finden wir neben dem Bergkristall und seinen Varietäten als Leitmineral vor allem den in Würfeln kristallisierenden Fluorit mit seiner besonders schönen alpinen Rotfärbung.

Weltberühmt sind die Mineralien des Binntals im Oberwallis. Hier kommt eine besonders grosse Zahl seltener Mineralarten vor. Sie sind in den Hohlräumen eines umgewandelten Ablagerungsgesteins, in einem zuckerkörnigen Dolomit, auskristallisiert. 15 verschiedene Mineralien sind überhaupt nur von diesen Vorkommen bekannt. Deshalb wird der Dolomit des Binntals am Fundpunkt Lengenbach in einem Gemeinschaftswerk der Naturhistorischen Museen Bern und Basel wissenschaftlich ausgebeutet.

Viele Mineralien des Binntals enthalten das Element Schwefel, wie zum Beispiel der Pyrit (eine einfache Verbindung von Schwefel und Eisen) oder der auffällig rote Realgar. Der 88
Schwefel stammt grösstenteils aus dem ursprünglichen Ablagerungsgestein, wo er in Form von Gips aus dem Meerwasser einer Lagune ausgefällt worden war. Der Schwefel hat somit eine sehr alte und komplizierte Geschichte hinter sich.

Eine ganze Gesellschaft höchst seltener, metallisch-grauer Erze enthält neben Schwefel auch Blei, Kupfer oder Arsen. 87
Diese Elemente, vor allem das Kupfer und das Arsen, stammen aus den kristallinen Gesteinen, die den Dolomit umschliessen, und wurden mit der alpinen Metamorphose durch komplizierte chemische Vorgänge in den Dolomit hineingeführt. Schon die Namen solcher Mineralien wie Binnit oder Lengenbachit verraten, dass hier während der Gebirgsbildung ganz besondere chemische Vorgänge am Werk waren.

Eine ganz andere Gesellschaft von Mineralien tritt uns dort entgegen, wo die ursprünglichen vulkanischen Laven des Ozeanbodens, durch die Metamorphose verändert, ein Gestein von besonderer chemischer Zusammensetzung bilden. In den Spalten dieses Gesteins wachsen die grüne Varietät des Granats, der dunkelbraune Vesuvian, und der 86
blassgrüne oder graue Diopsid. So spiegelt sich die geologische Geschichte der Alpen auch noch in der Verbreitung der alpinen Kluftmineralien wider.

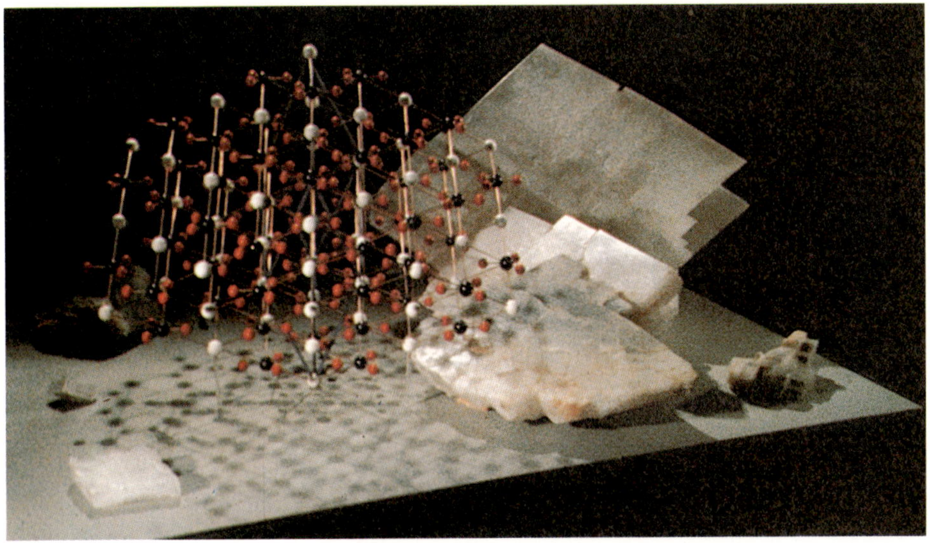

85

86

Durchläufer Kalzit mit Kristallgitter. Riesenkristall vom Gonzen. Mineralogisches Institut Basel

86
Vesuvian. Naturhistorisches Museum Basel

87
Cafarsit vom Scherbadung, Binntal

88
Realgar des Binntals

87

88

89
Schema zur Verbreitung der älteren, voralpinen Metamorphose in den Sockelgesteinen des südlichen und des nördlichen Kontinents. Sie stammt von einer älteren voralpinen Gebirgsbildung. Bedeutung der Farben (siehe Kästchen links unten): Druck- und Temperatur-Bedingungen, die zur Umwandlung der Gesteine geführt haben. Rot: Alte Granitmassive im Sockel der Kontinente. Legende für Zahlen und Buchstaben siehe Abb. 59

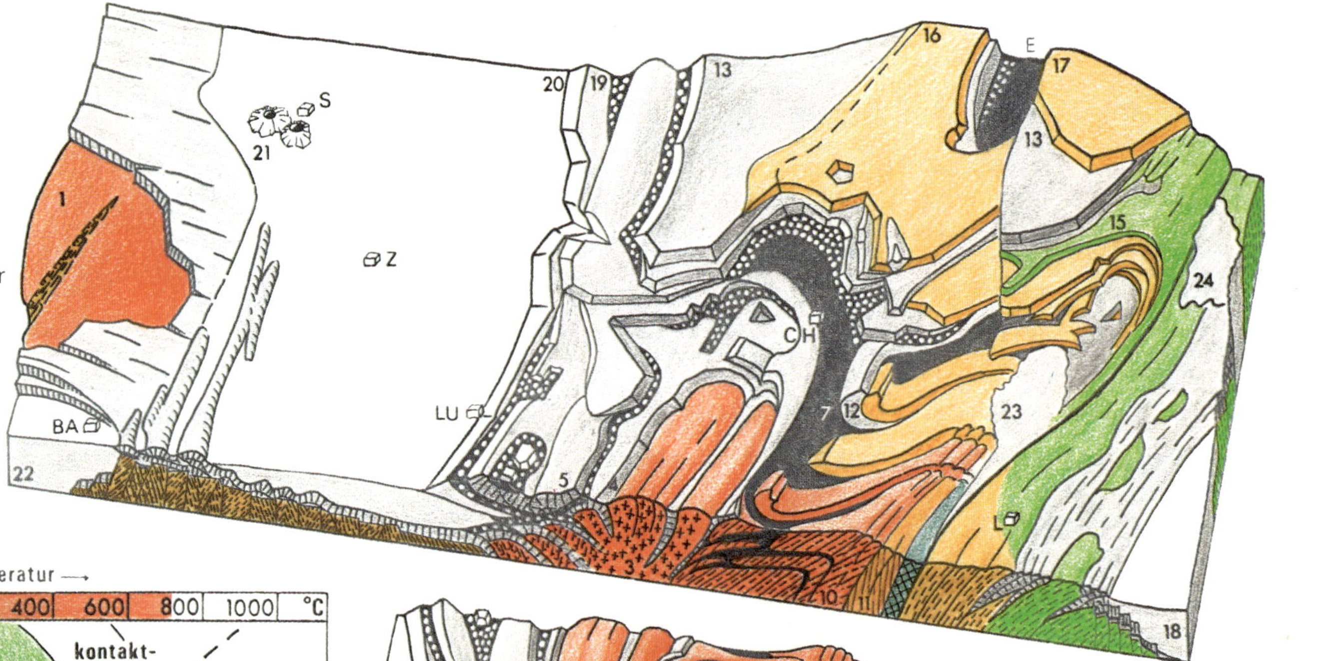

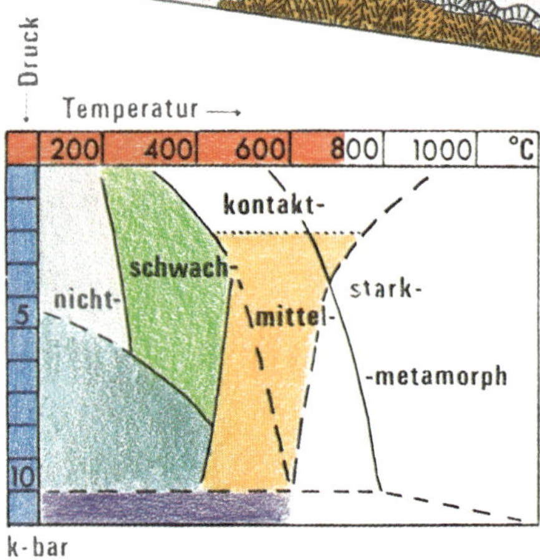

90
Schema zur Verbreitung der jüngeren Metamorphose am Ende der alpinen Gebirgsbildung. Sie überprägt die ältere Umwandlung in den Sockelgesteinen und verwandelt die Ablagerungsgesteine der darüberliegenden Sedimenthaut, soweit sie in die tieferen Stockwerke des Alpenbaus einbezogen sind. Bedeutung der Farben (siehe Kästchen links unten): Die Drücke erreichen niedrigere, die Temperaturen höhere Werte als während der älteren Metamorphose. Rot: Junge Granitmassive und Vulkanismus. Legende für Zahlen und Buchstaben siehe Abb. 59

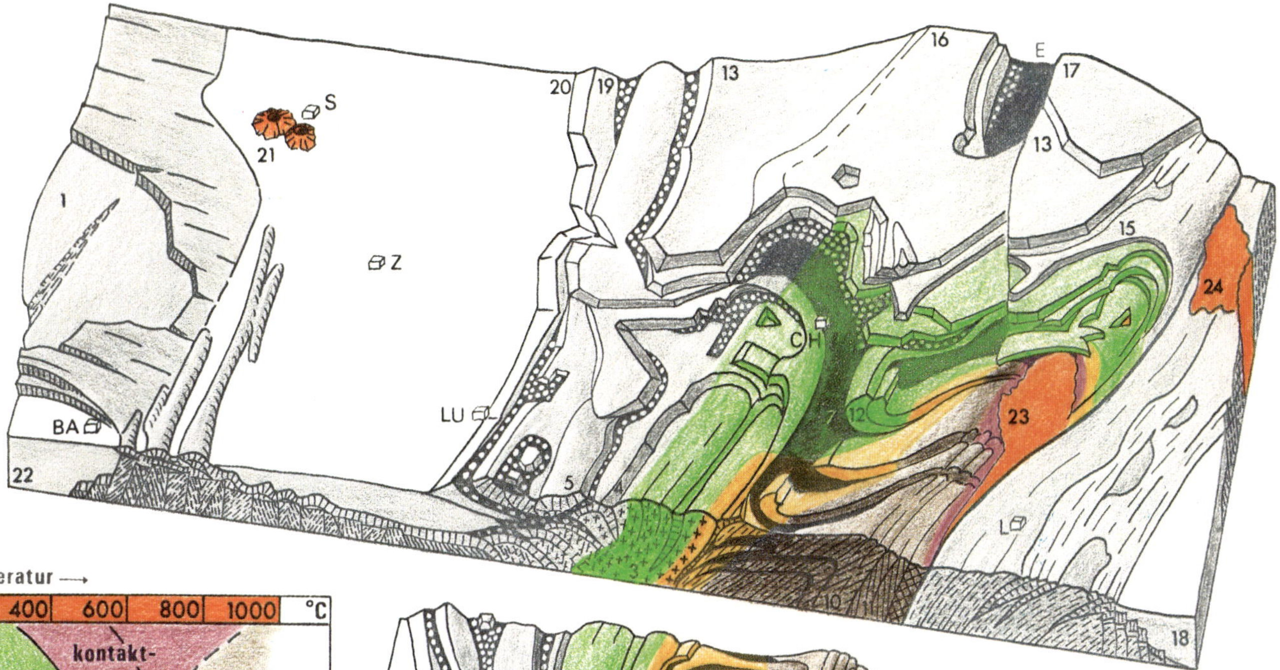

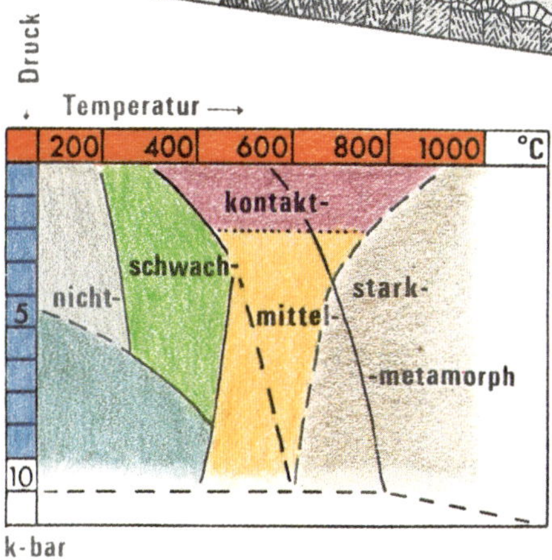

91
Das tiefste Stockwerk der Alpen, wo die Gesteine die höchste Metamorphose erreichten.
Naret, Nordtessin

92
Garbenschiefer, ein Sedimentgestein, das von alpiner, mittelstarker Metamorphose umgewandelt wurde.
Lukmanierpass

93
Altes Granitmassiv, im Vordergrund von Gletscher abgeschliffen.
Grimsel

93

92

94
Sockelgesteine, von mittelstarker Metamorphose umgewandelt.
Verzasca-Tal, Tessin

95 >
Altes Granitmassiv.
Tour Noir (Mont-Blanc-Massiv). Flugaufnahme

96 >>
Unterstes Stockwerk der Alpen mit stärkstem Metamorphosegrad.
Blenio-Tal, Nordtessin.
Flugaufnahme

94

97
Blick vom Säntisgipfel nach Südwesten

97

Wo Berge sich erheben

Wie der Bildhauer eine Statue aus einem Gesteinsblock
97 herausarbeitet, so entstehen die Bergformen der Alpen durch die abtragenden Kräfte der Natur, während der Gebirgskörper gehoben wird. Aus den verkneteten Massen von Erdkruste entstehen erst nach ihrer Hebung am Ende der Gebirgsbildung überhaupt Berge. Wasser, Eis und Temperaturschwankungen bilden zusammen mit der Schwerkraft jene Kräfte, welche aus der sich wölbenden Knetmasse von Gestein ein Gebirge formen. Das abgetragene Material sammelte sich als Schutt in einem grossen, kontinentalwärts gelegenen Becken, das sich dem Nordrand der Alpen entlang gebildet hatte und von Genf über den Bodensee bis weit über München hinaus nach Osten reicht. Es wird Molassebecken genannt. Auch südlich der Alpen entstanden solche Becken, die allerdings später zum Teil in grössere Tiefen versenkt wurden und heute tief unter der Po-Ebene begraben liegen.

Erste Abtragung

Am Rand der Alpen zeugen dicke Nagelfluhbänke von der erosiven Kraft grosser Flüsse, die aus dem Gebirge kamen und mächtige Deltas aufbauten. Die Berge Speer, Rigi und Napf bestehen aus den Flussaufschüttungen, die ihrerseits der Abtragung bis heute unterworfen sind.
Das Gestein, das die Gerölle der Nagelfluh bildet, vermittelt Hinweise auf die Geschichte der Abtragung der Alpen. Gerölle aus Grüngesteinen zum Beispiel zeigen an, dass die Narbe zwischen den verkeilten Kontinenten, wo alter Ozeanboden eingeklemmt worden war, schon in der Molassezeit von der Abtragung freigelegt gewesen sein muss. Die Überschiebungsmassen, welche aus Material des südlichen Kontinentalrandes bestehen und die in den östlichen Teilen der Alpen als oberstes Stockwerk des Gebirges bis an seinen Nordrand alles andere zudecken, müssen im Raum der zentralen Alpen stellenweise schon bis auf den Grund abgetragen worden sein.
Weiter vom Gebirge entfernt wurden die berühmten Molassesandsteine abgelagert, aus denen so manches Monument des schweizerischen Mittellandes aufgebaut ist. Das bekannte Denkmal des Löwen von Luzern wurde direkt aus dem anstehenden Molassesandstein herausgemeisselt. Zeitweise war das flache Vorland der Alpen von einem Meer überflutet, bis neues Material aus den Alpen das Becken wieder auffüllte und verlanden liess.
Das Molassemeer stand mit dem Meeresarm im Rheintalgraben in Verbindung. Man findet in den feinkörnigen, tonigen Ablagerungen des Rheintalgrabens bis nach Norddeutschland hinauf mikroskopisch kleine Versteinerungen aus dem Erdmittelalter, die nur aus den Alpen stammen können. Sie wurden offenbar in der Molassezeit aus den Sedimentgesteinen der Alpen ausgewaschen und mit der Tontrübe durch den ganzen Rheintalgraben über Hunderte von Kilometern nach Norden verschleppt.
Während der Zeiten der Verlandung haben mäandrierende Flüsse ihr Bett in darunterliegende Sandsteine eingegraben und verlassene Schlingen mit gröberem Material wieder

gefüllt. Noch heute erkennt man im Schutt einer später freigelegten Wand solcher Molassegesteine die Flußschlinge an den schuttgefüllten Linsen zwischen regelmässigeren Sandsteinschichten. Die Spuren in den Ablagerungen und zahlreiche Versteinerungen erinnern an weite Ebenen, tropische Sümpfe und Palmenwälder mit den Vorläufern der heutigen Elefanten, die vor etwa zwanzig Millionen Jahren das Molasseland prägten. Ein sehenswertes Panorama im Gletschergarten von Luzern illustriert diese Landschaft mit sorgfältig rekonstruierten Einzelheiten.

Letzte Gebirgsbildung

Am Ende der Molassezeit machten sich Vulkane im Hegau nördlich des Bodensees bemerkbar. Die Füllungen der Schlote stehen noch heute wie Säulen im Gelände, während ihr Mantel längst abgetragen und verschwunden ist. Diese kleinen Feuerberge waren nur kurze Zeit lebendig. Gelegentlich überschütteten sie das Molasseland mit Asche, die teils als Tufflagen, teils von Flüssen abtransportiert und umgelagert als Glimmersande in den jüngsten Molasse-Ablagerungen erhalten ist.
Ungefähr zur gleichen Zeit haben die Alpen eine letzte, kleinere Gebirgsbildungsphase erlebt. Der Gebirgsdruck in der Tiefe hat sich nach oben keilförmig aufgespalten. Seine Wirkung wird nur am Nord- und Südrand der Alpen sichtbar, während der Deckenstapel über dem zentralen Teil der Alpen ruhig obenauf schwamm.
Der Südrand der Alpen wurde in neue Falten und Schuppen gelegt, die nach Süden gerichtet sind. An ihrem Nordrand wurde der in Deltas angesammelte Schutt der ersten Abtragung in die Gebirgsbildung einbezogen und nach Norden über ungefaltete Molasse überschoben. Der von der Gebirgsbildung betroffene Teil des Alpenschuttes wird als subalpine Molasse bezeichnet. Der Rigi östlich von Luzern ist der bekannteste Berg aus subalpinen Molassegesteinen. Ein Teil der nordwärts gerichteten Bewegung hat sich aber noch weiter nach Norden übertragen, bis in eine Region, wo die Sedimenthaut auf dem kontinentalen Sockel nicht mehr

durch das Riesengewicht der Molasse-Ablagerungen daran gehindert wurde, sich in Falten zu legen. In einigem Abstand vom Alpennordrand entstehen so die Falten des Juragebirges. Trotz ihrer räumlichen Trennung von den Alpen durch den Gürtel der mächtigen Molasse gehören sie eigentlich auch zum alpinen Gebirge; sie sind auf jeden Fall auf eine alpine Gebirgsbildungsphase zurückzuführen.
In den Alpen selbst hat die Abtragung der Molassezeit das Herz des Gebirges etwa auf einer Nord-Süd-Linie zwischen Luzern und Lugano freigelegt, wo die Aufwölbung des Gebirgskörpers am grössten war. Dieser Abtragung verdanken wir, dass heute alle Stockwerke der Alpen bis in grosse Tiefen hinunter sichtbar werden, dass wir die Alpen und ihre Entstehung überhaupt begreifen können. Aber die Form der Berge und Täler, die Ausgestaltung der prächtigen Alpenlandschaft, verdanken wir noch späteren Epochen der allerjüngsten Erdgeschichte. Sie ist nicht älter als etwa eine Million Jahre.

< **98**
Vulkanschlot, von Abtragung freigelegt. Hohentwiel bei Singen. Flugaufnahme

Eiszeiten prägten die alpine Landschaft

Schnee und Eis, Regen und Wind bewirken eine mechanische oder chemische Zerstörung des Gesteins, die Verwitterung. Wenn in feinen Haarrissen des Gesteins Wasser gefriert, werden Splitter abgesprengt und später vom
105 fliessenden Wasser talwärts geschwemmt.
Weiches Gestein, Tone, Mergel oder Glimmerschiefer verwittern schneller als etwa harter Kalk, zähe Sandsteinbänke oder Granit. Die Abtragung des Gebirges modelliert deshalb harte Schichten oder ganze Körper aus festem Gestein aus der Oberfläche des Geländes heraus. Durch die unterschiedlich schnelle Abtragung der Gesteine tritt die Struktur der Gesteinskörper im Berg hervor und erleichtert dem Geologen das Erkennen von Schichtung, Faltung und Überschiebung. Viele Ablagerungstypen — wie zum Beispiel die regelmässigen Lagen der Trübestrom-Ablagerungen — sind schon von weitem zu erkennen. So prägt die geologische Struktur des Gebirges die Landschaft. Die zahlreichen Elemente im Gebirgsbau und ihre wechselnde Anordnung im Raum sind der Grund für den Reichtum verschiedener Landschaftstypen in den Alpen, die Ursache ihrer faszinierenden Schönheit.

Fliessendes Eis

In grossen Höhen setzt sich der ewige Schnee zu Firn. Die
Eiskristalle des Schnees werden zu gröberen Körnern und 104
wachsen schliesslich zu einer festen Eismasse zusammen. Der so gebildete Gletscher beginnt langsam talwärts zu fliessen. Jedes Frühjahr wird die Eisgrotte im Rhonegletscher von demselben Weg am Berghang aus neu in den Gletscher geschlagen. An der Lage des Eingangs vom Vorjahr kann man den Weg abschätzen, den das Gletschereis pro Jahr zurücklegt. Der unregelmässige Abstand der Eingänge mehrerer Vorjahre zeigt, dass der Fluss des Eises in aufeinanderfolgenden Jahren verschieden schnell ist.
Durch das Gewicht der Eismassen werden unter dem Gletscher Gesteinsbrocken mitgeschleppt und über den Untergrund geschürft. Ein schlechter Rundungsgrad sowie tiefe Kratzer und Schrammen auf der Oberfläche der Gerölle verraten ihre Herkunft aus von Gletschern verschlepptem Material. Die Wirkung von Eis und Gesteinsbrocken an der Gletschersohle gleicht einer riesigen Raspel, die langsam
über das Gestein gezogen wird und daher rundliche Abtra- 93
gungsformen zurücklässt.
Auf den Seiten der Gletscher und vor seiner Stirn bilden sich
Wälle von Raspelspänen, die man Moränen nennt. Grobes, 99
geschrammtes Geröll und eckige Gesteinssplitter in einer tonigen Grundmasse charakterisieren das Moränenmaterial und lassen solche Ablagerungen als Produkt der Tätigkeit von Gletschern leicht erkennen, auch wenn das Eis schon lange abgeschmolzen und verschwunden ist.
Die heutigen Täler der Alpen sind in einer Zeit ausgehoben 100
worden, als die Gletscher wesentlich grösser waren als heute, während der sogenannten Eiszeiten. Damals war das Klima über weiten Teilen der Nordhalbkugel der Erde feuchter als heute und wohl auch um einige Grade kälter. Auf die Firnfelder fiel im Winter so viel Schnee, dass die Eismassen über den Rand der Gletscher hinausströmten. Im

Molassebecken vereinigten sie sich zu einer riesigen Eismasse, die bis an den Jurafuss reichte. Viermal sind die Gletscher aus den Alpen hervorgebrochen, viermal haben sie sich wieder zurückgezogen. Die letzte Eiszeit hat die vollständigsten Spuren zurückgelassen und kann am genauesten rekonstruiert werden: Nach dem Abschmelzen der Gletscher blieben die Moränenwälle zurück und lassen die Rückzugsbewegungen der Gletscher in allen Einzelheiten erkennen. Die Zusammensetzung des Moränenmaterials und die auf dem Rücken der Gletscher transportierten grossen Gesteinsblöcke, die sogenannten Findlinge, zeigen an, aus welcher Gegend der Alpen der Gletscher sein Material mitbrachte.

Die Eisraspel

Die Raspeltätigkeit des fliessenden Eises hat den Alpentälern ihren U-förmigen Querschnitt, ihre senkrechten und glattpolierten Talwände gegeben. Die Höhe der senkrechten Wände lässt den Eisstand im Tal während der Eiszeiten ungefähr abschätzen. Am Alpenrand und auch im Mittelland hat das fliessende Eis tiefe Gräben und Löcher ausgehoben. Felsriegel und Stirnmoränenwälle verhinderten als natürliche Staudämme den Abfluss des Wassers nach dem Rückzug der Gletscher ins Innere der Alpen. Damit ist aber die Entstehung der tiefen Seen am Alpenrand noch nicht vollständig erklärt. Man fragt sich nämlich, warum die Seebecken am Alpenrand in den wärmeren Zwischeneiszeiten nicht mit Kies und Sand aufgefüllt wurden. Wahrscheinlich blieben während der wärmeren Perioden abgetrennte Gletscherteile, sogenannte Toteismassen, in den Seebecken zurück. Das Geschiebe der Alpenflüsse wurde wohl über dieses Eis hinweg nach Norden ins Alpenvorland verfrachtet. Erst nach der letzten Eiszeit wären dann die Toteismassen in den Seen allmählich abgeschmolzen und verschwunden. So ist die heutige Landschaft im alpinen Gebirge und in seinem nördlichen Vorland zum grössten Teil durch die Wirkung des Eises während der Eiszeiten geprägt.
Die Tätigkeit der Gletscher spiegelt sich auf kleinstem Raum im Gletschergarten von Luzern, wo ein Teil des abgeraspel-

100

102

< **99**
Gletscherzunge mit Stirnmoräne. Sustenpass
100
U-Tal, von Gletscher ausgehoben
101
Blöcke des Bergsturzes von Arth-Goldau
102
Gornergletscher (Oberwallis)
103
In der Gletscherspalte (Eisgrotte Gletsch)
104 >
Persgletscher (Bernina). Flugaufnahme
105 >>
Piz Terri zwischen Lugnez- und Blenio-Tal. Flugaufnahme

101

103

106
Karrenfeld an der Schrattenfluh

107, 108
Tropfsteinhöhle bei Baar (Zug)
109
Tropfstein im Querschnitt

106

107

109

108

ten Untergrundes unzerstört erhalten und für den Beschauer direkt zugänglich ist. Auf dem weichen Molassesandstein hat die Raspel des Gletschers rundliche Flächen zurückgelassen. Unter dem Eis floss aber auch ein Gletscherbach, der grosse Steine in wirbelnde Bewegung versetzt hat. Die kreisenden Steine haben in den Untergrund runde Löcher gerieben, die man Gletschermühlen nennt.
Aus einer solchen Gletschermühle sind die Trümmelbachfälle bei Lauterbrunnen hervorgegangen. Hier findet ein Bergbach seinen Weg durch das Innere des Berges. Die senkrechten Talwände des Lauterbrunnentals verraten den Stand des Eises während der letzten Eiszeit. Am Rand des Gletschers, heute auf der Schulter des Tals, hatten sich Gletschermühlen gebildet, die sich immer tiefer in das Gestein der Talwand einsenken konnten. Durch einen glücklichen Zufall wurde eine dieser Mühlen nicht verschüttet, bis sich der Bach zur Gletschersohle durchgefressen hatte. So donnern noch heute die Wassermassen durch den Fels und lassen uns ein kleines Stück Eiszeit miterleben.

Bergstürze

Nach dem Rückzug der Eismassen am Ende der letzten Eiszeit sind die übersteilen Hänge der U-Täler stellenweise instabil geworden. Grosse Felsmassen sind ins vom Eis befreite Tal heruntergefahren und haben oft riesige Talsperren verursacht. Bergstürze und Erdrutsche gibt es aber bis in unsere Zeit hinein, wenn besondere geologische Bedingungen die Loslösung der Gesteinmassen vom Berg begünsti-
110 gen. Ein besonders bekanntes Beispiel ist der Bergsturz von
Arth-Goldau. Wer mit der Eisenbahn von Luzern über den Gotthard fährt, durchquert einen Talriegel zwischen Zuger- und Lowerzersee und sieht die grossen Blöcke von Nagelfluh, die den Riegel aufbauen. Diese Nagelfluh hatte sich vom Rossberg gelöst und war auf einer hangwärts geneigten Schichtfläche in Bewegung geraten. Der Bergsturz fuhr zu Tal, begrub das Dorf Goldau unter sich und stieg, vom Schwung der Bewegung getrieben, am andern Talhang ein Stück weit wieder hinauf. Wo früher das Dorf Goldau
101 gestanden hatte, ist heute ein Tierpark entstanden, wo sich
zwischen den hausgrossen Blöcken des Bergsturzes Rotwild friedlich tummelt. Gäbe es ein schöneres Denkmal für das schreckliche Schicksal der Bewohner von Goldau?

Gefrässiges Wasser

Bei der Abtragung der Gebirge spielen auch chemische
Prozesse eine beträchtliche Rolle. Kalkstein ist der Lösung 106
durch Regenwasser ganz besonders ausgesetzt. Wie ein Stück Zucker im Tee wird der Fels vom Wasser zerfressen. Die Lösungserscheinungen auf der Oberfläche von Kalken bezeichnen wir als Karren oder Schratten. Sie sind in allen kalkreichen Gebirgen weit verbreitet, werden aber stellenweise so häufig und eindrücklich, dass die Berge ihren Namen nach dieser Erscheinung bekommen haben, wie zum Beispiel die Schrattenfluh nördlich des Thunersees.
In der Tiefe der Kalkberge bilden sich fast immer Höhlensy-
steme aus, in denen sich das Wasser zu unterirdischen 107
Bächen und Seen sammeln kann. Oft setzt sich ein Teil des 108
gelösten Kalks als Tropfstein wieder ab und bildet jene 109
Formationen, die unseren Sinn für die verborgenen Schönheiten der Natur so stark bewegen.
Die Alpen heben sich noch heute um einen Betrag bis zu 1,5 Zentimeter pro Jahr. Das hat man mit Präzisionsmessungen im Bahntunnel des Simplon über viele Jahrzehnte hinweg ermitteln können. Weiter östlich und weiter westlich werden die Hebungen schwächer und betragen noch einen oder einen halben Zentimeter pro Jahr. Wegen dieser Hebung arbeiten auch heute noch tausend Kräfte der Abtragung weiter an der Form unserer Berge, an der Ausgestaltung der alpinen Landschaft, an der Schönheit unserer Alpenwelt.

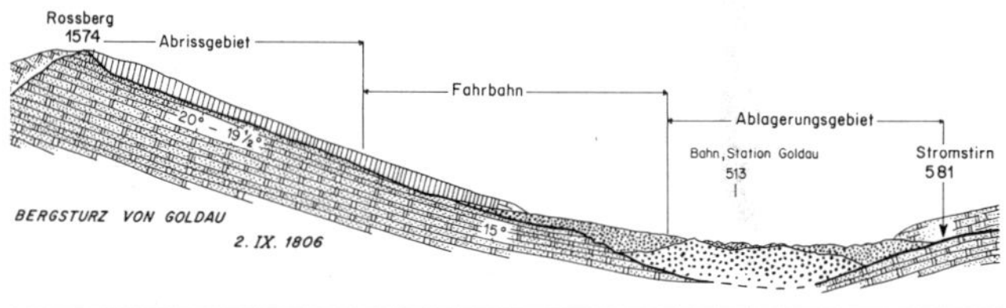

110

Gebirge leben

Die Sprache der Gesteine in den Alpen erzählt die Geschichte über das Werden und Vergehen des Gebirges. Während eines vollen Jahrhunderts haben die Geologen in mühevoller Kleinarbeit eine Unzahl von Einzelheiten über die Natur der Gesteine und ihre Lagerung im Gebirge beobachtet und gedeutet. Liebevoll wurden alle Einzelheiten zu einem Lehrgebäude zusammengefügt, wie sie auch in diesem Büchlein zu einer vereinfachten Kette des geologischen Gedankengangs aufgereiht werden. Viele einzelne Beobachtungen sind in den letzten Jahrzehnten ergänzt und vertieft worden, viele einzelne Deutungen mussten abgeändert oder umgestossen werden. Mancher Fachbegriff ist deshalb in Vergessenheit geraten, andere haben sich neu eingebürgert. Im wesentlichen aber bleiben die Aussagen der steinernen Zeugen gebirgsbildender Ereignisse unverändert. Der Kern der Zeugenaussage besteht darin, dass der alpine Raum durch die Öffnung eines Ozeans von mindestens tausend Kilometern Breite geschaffen und dass das alpine Gebirge durch die Verkürzung dieses Meeresraums auf hundert Kilometer Breite aufgetürmt wurde, wobei der früher geschaffene Ozean vollkommen verschwunden ist. Die Vorstellung vom Werden und Vergehen eines Ozeans bedingt den noch viel abenteuerlicheren Gedanken, dass ganze Kontinente sich bewegen und gegeneinander verschoben werden. Lesen wir diese ganze Geschichte aus den Steinen, wie die Wahrsagerin die Zukunft im Kaffeesatz liest? Wer sagt uns, dass wir den Sinn der steinernen Sprache auch wirklich erfasst und richtig übersetzt haben? Wie kann man den Wahrheitsgehalt einer Zeugenaussage überprüfen, wenn die betreffenden Ereignisse Jahrmillionen zurückliegen? Die Wissenschaft kennt nur einen Weg, um diese Fragen zu beantworten: Man forscht nach und überprüft, ob und wo Gebirgsbildung, Verschiebung von Kontinenten sowie Entstehung und Zerstörung von Ozeanbecken noch heute stattfinden und direkt beobachtet werden können. Diese geologischen Ereignisse müssten heute entsprechende Spuren im Gestein schaffen wie jene Ereignisse, deren Spuren vor Jahrmillionen entstanden und heute noch vorhanden sind. Gleiche Spuren lassen auf vergleichbare Ereignisse schliessen und beantworten damit die aufgeworfenen Fragen in einer für die Wissenschaft befriedigenden Weise.

Einer Gebirgsbildung, einer Öffnung des Ozeans oder einer Verschiebung der Kontinente in der Natur kann man nicht einfach – mit dem Feldstecher etwa – zuschauen wie einem Fussballspiel. Auch wenn sich Amerika von Europa und Afrika um ein paar Zentimeter im Jahr entfernt oder wenn die Alpen sich um Zentimeter im Jahr heben, sind die Vorgänge doch zu langsam, als dass man sie direkt messen könnte. Wenn wir den zeitlichen Ablauf solcher heutigen Vorgänge erforschen und verstehen wollen, müssen wir die Untersuchung mit technischen Kniffen und Tricks so ausstatten, dass die Zeit auf ein menschliches Mass gerafft wird, wie man das Erblühen einer Knospe im Film mit Zeitraffern als Bewegung sichtbar macht.

Moderne Messmethoden machen Meeresforschung möglich

Das Bild vom Werden und Vergehen der heutigen Ozeane, ihrer Öffnung entlang den sogenannten mittelozeanischen Rücken und ihrer Verkürzung entlang kontinentalen Rändern mit vorgelagerten Tiefseegräben verdanken wir den Entwicklungen der Technik seit dem Zweiten Weltkrieg. Was in langen Zeiträumen und erst noch unter dem Wasser auf und im Meeresboden vor sich geht, kann man nur mit raffinierten technischen Hilfsmitteln erkennen.
Die Schwierigkeiten der Erforschung heutiger Meere kann man sich mit folgendem Vergleich veranschaulichen: Man denke sich die Erforschung des Geländes auf den Kontinenten beschränkt auf Ballons, die über den Wolken hängen und allerlei Gerät an Seilen durch die Wolkendecke herunterlassen müssten, um damit zu erkunden, was auf der Erdoberfläche alles vor sich geht. Ein eingehendes Verständnis für die Welt, in der wir heute leben, dürfte mit dieser Methode der Forschung wohl lange Zeit auf sich warten lassen. Und doch ist die Meeresforschung fast immer an das Schiff auf der Meeresoberfläche, also an eben jene ‹Ballonmethode›, gebunden. Entsprechend kompliziert und teuer sind die Apparaturen und Hilfsmittel, die die Meeresforschung braucht. So sind zunächst die Entwicklungen auf dem Gebiet der Elektronik und der Satellitentechnik eine Voraussetzung für die genauere Vermessung der Ozeane und des Reliefs ihrer Böden. Mit dem Echo von Erdbebenwellen und mit Bohrungen in den Meeresgrund hinein werden der Aufbau der Ablagerungen im Meer und das Alter ihrer kristallinen Unterlage erkannt.

Vermessung der Ozeane

Die wichtigste Voraussetzung zur Vermessung des Meeresgrundes ist das Bestimmen des genauen Standorts eines Schiffs auf der unendlichen Wasserwüste heutiger Ozeane. Früher hat man die Position eines Schiffs mit Kompass und Winkelmessungen zwischen dem Horizont und den Gestirnen oder der Sonne bestimmt, auf einige Seemeilen genau. Heute werden Radiopeilungen zu Meßsatelliten und Bodenstationen automatisch in Computer gefüttert. Letztere berechnen dann die Position des Schiffs auf einige hundert Meter genau.
Die Wassertiefe unter dem Schiff wird mit sogenannten Echolotungen gemessen. Aus der Zeit, die eine Schallwelle braucht, um vom Schiff an den Meeresboden und als Echo wieder zurückzukommen, kann man die Entfernung des Meeresbodens unter dem Schiff berechnen.
Positionen und Tiefenmessungen, von Punkt zu Punkt auf einer Karte aufgetragen, ergeben ein Abbild der Oberfläche des Meeresbodens. Diese Karten des Meeresgrundes sind die Basis aller weiteren Meeresforschung, genauso wie die Landkarten Grundlage aller geologischen Erforschung der Kontinente sind. Schon das Relief des Meeresbodens gibt wichtige Hinweise auf die Entstehung der Ozeane, vor allem dort, wo die Erdkruste in der jüngsten geologischen Vergangenheit bewegt wurde. Im Gegensatz zu den Verhältnissen auf dem Land ist nämlich der Meeresboden nur einer sehr schwachen – oder überhaupt keiner Abtragung ausgesetzt. Das Relief des Bodens wird nur langsam eingeebnet und nur sehr allmählich mit Ablagerungen eingedeckt. Deshalb bleiben die Spuren von Bewegungen der Erdkruste lange Zeit als Höhenunterschiede sichtbar.

Durchleuchtung der Meeresböden

Unter der Oberfläche des Meeresbodens werden die Schichten des abgelagerten Materials mit Echos von Erdbebenwellen sichtbar gemacht. Diese Technik hat enorme Entwicklungen durchgemacht dank ihrem Einsatz in der Erdölsuche auf den Kontinenten. Auf dem Land müssen künstliche, kleine Erdbeben mit Sprengstoff teuer erzeugt werden. Im Meer genügt eine harmlose und viel billigere Entladung von Pressluft, eine sogenannte Luftkanone, um geeignete Erdstösse hervorzubringen. Diese Druckwellen dringen in den Untergrund der Meere ein und werden von Schichtgrenzen zurückgeworfen. Ähnlich wie bei der Echolotung kann man aus den Zeiten zwischen der Auslösung des Erdstosses und der Ankunft seines Echos auf die Tiefe der Schichtgrenzen

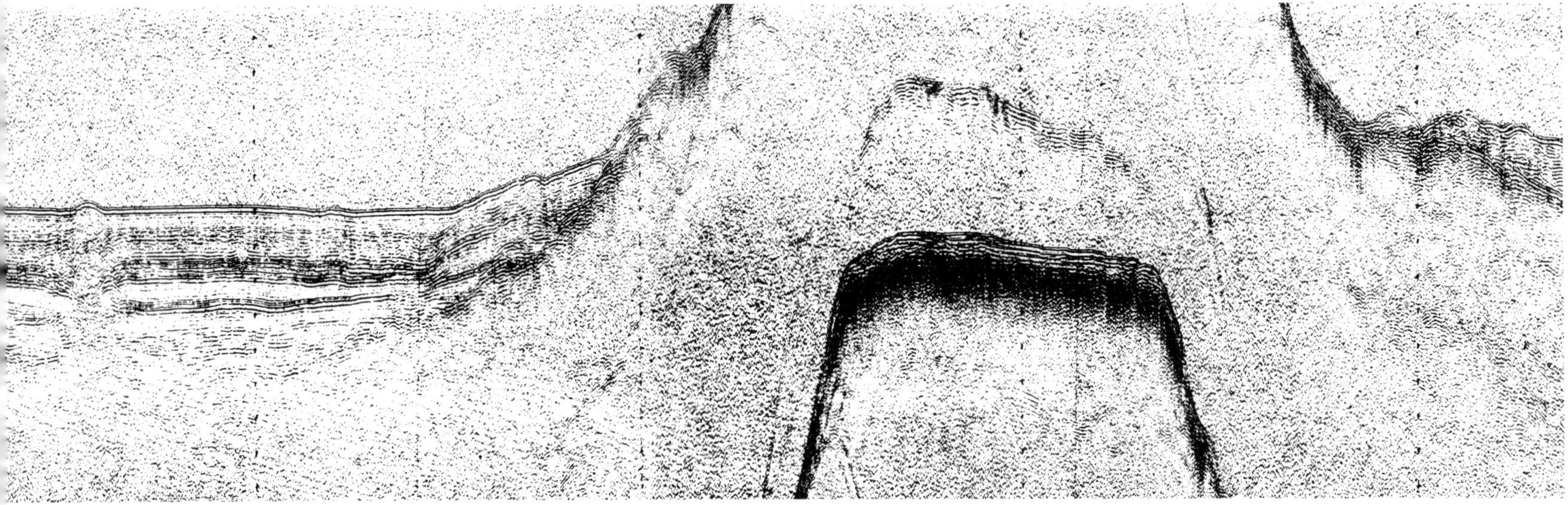

111
Seismogramm, ein ‹Röntgenbild› des Meeresbodens.
Links: Dünne Schichten auf Seeberg, dicke Ablagerungen in einem eingetieften Becken.
Rechts: Durch Brüche in Schollen zerlegter Rand des Schelfes: ein Kontinentalrand.

schliessen, die die Druckwellen zurückwerfen. Vom fahrenden Schiff aus werden so ununterbrochen sogenannte Seismogramme des Meeresbodens aufgezeichnet, eine Art Röntgenbild des Meeresbodens. Das Seismogramm setzt die Zeitabstände zwischen Auslösung und Rückkehr der Erdbebenwellen in Schichtdicken um und bildet so die tiefere Struktur des Meeresbodens ab. Die Linien des Seismogramms geben Auskunft über den Verlauf der Schichtgrenzen, sagen aber nur wenig aus über die Natur der Schichten und ihrer Gesteine. Um die Natur der Ablagerungen am Meeresboden und der darunterliegenden Gesteine genauer zu kennen, muss man mit Hilfe von Bohrungen Proben der Gesteine aus dem Meeresgrund heraufholen.

Bohrtechnik zu Lande

Die Bohrtechnik im Meer ist ein Kind der Erdölsuche auf dem Land. Sie ist grundsätzlich eine mechanische Technik und stammt daher aus der Zeit der Dampfmaschinen, auch wenn sie seither natürlich in vielen Einzelheiten verbessert und vor allem sicherer gemacht wurde. Gebohrt wird mit einem rotierenden Bohrkopf. Unter dem Gewicht des Bohrers werden von den Zahnrädern des Kopfes zentimetergrosse Gesteinssplitter von der Unterlage abgesprengt. Der Bohrkopf ist am Bohrgestänge aufgeschraubt und wird mit der Drehung des Gestänges rotiert. Der Bohrturm dient dazu, das Bohrgestänge senkrecht zu stellen. Wenn der Bohrkopf sich immer weiter in die Tiefe frisst, werden oben neue Bohrstangen angesetzt.
In hartem Gestein brauchen sich Bohrköpfe rasch ab und müssen oft ausgewechselt werden. Zu diesem Zweck wird alles Gestänge aus dem Bohrloch in den Turm hochgezogen und Stück für Stück abgeschraubt. Auf die letzte Stange wird dann ein neuer Kopf aufgesetzt und mit dem wieder neu zusammengeschraubten Bohrgestänge hinuntergelassen bis auf den Grund des Bohrlochs. Bei einer Bohrung von einigen Tausend Metern Tiefe dauert ein Bohrkopfwechsel oft mehrere Tage. Auf dem Land erreichen die tiefsten Bohrungen etwa sechs Kilometer Tiefe.

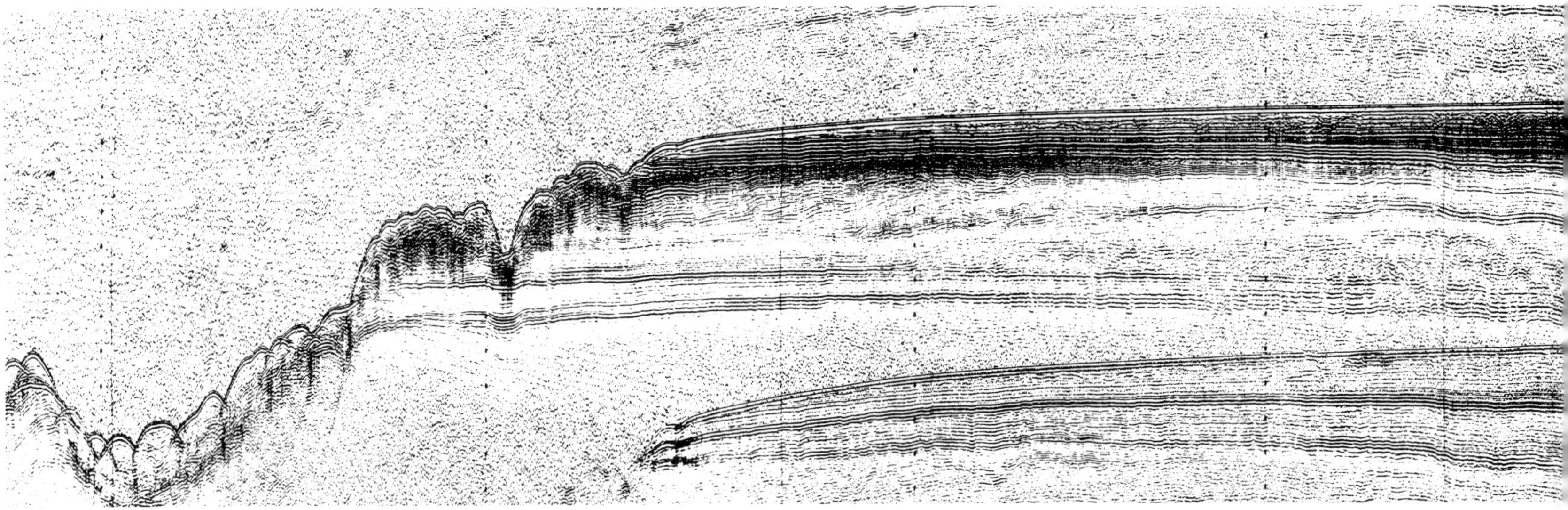

112 >
Bohrung auf dem Land. Pfeile bezeichnen die Fliessrichtung des Bohrschlamms.
V: Auskleidung des Bohrlochs. K: Bohrkopf
113 >>
Bohrung auf dem Wasser. T:Trichter, mit Sonarreflektoren ausgerüstet, erleichtert das Wiederfinden des Bohrlochs. K: Bohrkopf zum Kerneziehen

Die vom Bohrkopf abgeschlagenen Gesteinssplitter werden mit dem sogenannten Bohrschlamm aus dem Bohrloch hochgepumpt. Der Bohrschlamm ist eine Mischung von Wasser und feingemahlenen, schweren Mineralien wie etwa Baryt. Der Schlamm muss schwerer sein als ein gleiches Volumen des durchbohrten Gesteins, damit die Gesteinssplitter nicht wieder auf den Grund des Bohrlochs absinken und den Bohrkopf blockieren. Ausserdem hält die schwere Flüssigkeit Wasser, Öl oder Gas zurück, die unter Druck durch die Poren im durchbohrten Gestein ins Bohrloch eindringen könnten.
Die Gesteinssplitter werden mit dem Bohrschlamm vom Grund des Bohrlochs hochgepumpt und aus dem Schlamm ausgesiebt. Sie zeigen an, welcher Natur die Schichten sind, die gerade durchfahren werden. Mit besonderen Bohrköpfen kann man auch ganze Gesteinszylinder am Grund des Bohrlochs ausschneiden und dann mit dem Bohrer hochziehen. Solche Bohrkerne bilden dann grössere Muster der durchbohrten Schicht. Da man den Kernbohrer nach wenigen Metern Bohrfortschritt wieder hochziehen muss, werden Kernbohrungen aber nur in Ausnahmefällen durchgeführt, besonders dann, wenn eine auf dem Seismogramm erkennbare Schichtgrenze genauer untersucht oder wenn die Poren eines ölhaltigen Gesteins genauer vermessen werden sollen. Rechnet man die Bohrkosten pro Arbeitstag mit allem Drum und Dran, so ist der Bohrkern oft ein Mehrfaches seines Gewichts in Gold wert.
Bohrungen sind dann gefährlich, wenn eine erdöl- oder erdgashaltige Schicht angebohrt wird, die unter hohem Gasdruck steht. Das Gas kann sich im Bohrschlamm lösen oder winzige Bläschen bilden, die beim Hochpumpen des Schlamms aufschäumen wie Bier im Hals einer plötzlich geöffneten Flasche. Der Bohrschlamm wird dadurch leichter und verliert seine Funktion als schwerer Deckel auf dem Bohrloch. Manchmal sind auch die Sicherheitsventile auf dem Bohrloch nicht mehr in der Lage, den Schaum zurückzuhalten. Es kommt dann zu einem der gefürchteten Öl- oder Gasausbrüche, die auf dem Land früher oder später immer

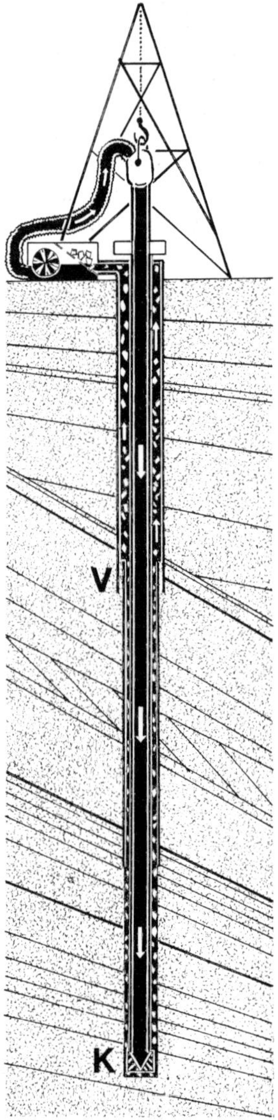

wieder unter Kontrolle gebracht wurden. Bei den Bohrungen im Meer ist es sehr viel schwieriger, einen Ausbruch zu stoppen. Die Wissenschafter, die heute Bohrungen zur Erforschung des Meeresgrundes in grosser Wassertiefe abteufen, müssen daher alle Stellen des Meeresgrundes, wo man Erdöl- und Erdgaslager vermuten könnte, mit pedantischer Genauigkeit meiden.

Bohrtechnik zu Wasser

In seichten Meeren, in Wassertiefen bis zu zweihundert Metern, bohrt man von künstlichen Inseln, sogenannten Bohrplattformen, aus. Das ist im Prinzip nichts anderes als ein Bohrturm, der auf Stelzbeinen im Wasser steht, ein moderner Pfahlbau, ins Gigantische vergrössert. Er enthält neben dem Bohrturm die Räumlichkeiten einer mittelgrossen Fabrik: Das Lager der Bohrstangen, die Anlagen für die Bohrschlammaufbereitung, die Schlammpumpen, Süsswasserreservoire, Werkstätten, Laboratorien und Mannschaftsunterkünfte werden oft gekrönt von einem Landeplatz für Helikopter und bilden ein unübersichtliches Gewirr, das Wind und Wetter weit draussen auf dem Meer standhalten muss. Von einer Bohrplattform aus kann man viele Bohrungen schief in alle Richtungen hinaus niederbringen, indem man das Bohrgestänge mit Keilen in einem bestimmten Winkel ablenkt. So kann das Erdöl unter einer beträchtlichen Fläche des Meeresbodens von einer einzigen Bohrplattform aus angebohrt und ausgebeutet werden.

Ausserhalb der Schelfe, wo das Meer über zweihundert Meter tief ist, wird der moderne Pfahlbau problematisch. Hier muss man mit Schiffen operieren. Die amerikanische Wissenschaft hat ein besonders fruchtbares Instrument zur Verfügung, das in jeder Tiefe Bohrungen in den Meeresgrund abteufen kann. Dieses Bohrschiff heisst ‹Glomar Challenger› nach der Firma Glomar, die das Schiff entworfen und gebaut hat, und nach dem berühmten englischen Forschungsschiff ‹Challenger›, das am Ende des letzten Jahrhunderts die erste moderne ozeanographische Expedition durchgeführt hatte. Die technische Besonderheit der modernen ‹Challenger› besteht darin, dass das Schiff trotz Wind und Strömungen über einem bestimmten Punkt des Meeresbodens stehenbleiben kann. Drei Schallwellenerzeuger werden in einiger Entfernung um den Punkt, wo gebohrt werden soll, auf den Meeresgrund abgesetzt. Die Schallwellen zeigen dem Schiff an, in welcher Entfernung von den Schallwellenerzeugern es sich befindet. Computergesteuerte Schiffsschrauben am Bug, seitlich am Rumpf und am Heck halten die Entfernungen von den Schallwellenerzeugern immer gleich, so dass das Fahrzeug in einem engen Kreis von wenigen Metern über dem Bohrpunkt stehenbleibt.

Für die Bohrtätigkeit braucht das Schiff natürlich auch einen mittschiffs aufgebauten Bohrturm sowie ein Bohrstangenlager, das auf dem Vorderdeck untergebracht ist. Das Bohrgestänge wird durch ein Rohr in der Mitte des Schiffs bis zum Meeresgrund hinuntergelassen. Neuerdings ist es sogar möglich, das Bohrgestänge hochzuziehen, den Bohrkopf zu wechseln und mit dem neuen Bohrkopf in das gleiche, höchstens fünfzig Zentimeter breite Bohrloch wieder einzufahren mit Hilfe eines grossen Trichters. Das Wiederfinden des Bohrlochs, ferngesteuert auf eine Distanz von mehreren Kilometern, ist eine technische Meisterleistung, vergleichbar mit der Lösung der Aufgabe, vom zweiten Obergeschoss eines Hauses aus einen dünnen Draht in eine Nadel einzufädeln, die vor dem Fenster auf der Strasse liegt.

Bevor dieses vollendete technische Instrument zum Einsatz kommt, werden gewöhnlich kleinere Forschungsschiffe ausgeschickt, um den Meeresboden mit Erdbebenwellen zu durchleuchten. Aufgrund einer vorläufigen Deutung der Seismogramme und nach langen Diskussionen zwischen den Spezialisten für diese oder jene Fragestellung werden die Bohrstellen für eine dreimonatige Forschungsreise festgelegt, damit die teure Apparatur so fruchtbar wie möglich eingesetzt werden kann.

Die Forschungsbohrungen der ‹Glomar Challenger› sind vor allem Kernbohrungen. Die Bohrkerne werden in Kunststoffröhren im Inneren des Bohrgestänges zusammengehalten und sofort nach ihrer Bergung der Länge nach geteilt. Die eine Hälfte wird unverändert versiegelt und für spätere

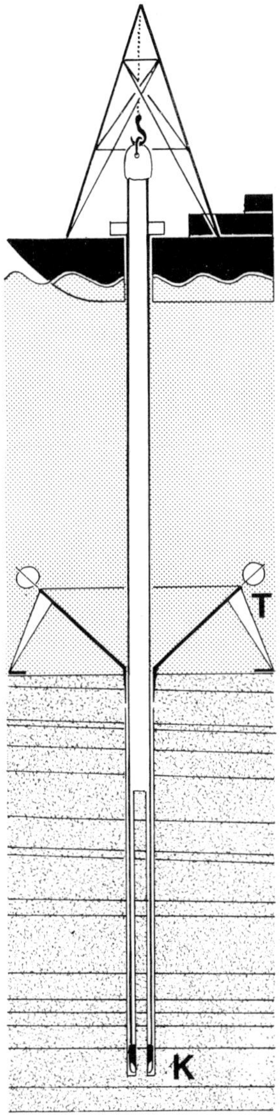

113

Untersuchungen in Lamont bei New York aufbewahrt. Die andere Hälfte wird schon an Bord nach zum voraus genau festgelegtem Verfahren untersucht. Unter anderem werden die Strukturen der Meeresablagerungen, ihre chemische Zusammensetzung, der Grad ihrer Verhärtung, ihr Gehalt an Resten von Meerestieren und -pflanzen und damit ihr geologisches Alter bestimmt. Aufgrund dieser ersten Untersuchung wird auch eine erste geologische Deutung unternommen, deren Erkenntnisse für die Ausführung der nächsten Bohrungen schon einen Einfluss haben. Diese ersten Beobachtungen werden in vorläufigen Berichten, den sogenannten Initial Reports, auch der Öffentlichkeit möglichst schnell nach jeder dreimonatigen Reise zur Verfügung gestellt. Jede solche Reise liefert Material für ein dickes Buch.

Mit Hilfe dieser Bohrungen in den grossen Tiefen der Ozeane sehen wir unmittelbar in die Werkstatt der Natur, wo sich die Ablagerungsgesteine am Meeresboden heute bilden. Es sind die gleichen Gesteine, die wir in den alpinen Gebirgen kennengelernt haben. Durch den Vergleich mit den Ablagerungen in den heutigen Ozeanen können wir diese Gesteine nicht nur genauer deuten. Vielerorts sind auch Gesteine aus den Bohrungen im Ozean geborgen worden, die ein gleiches Alter haben wie die alpinen Ablagerungsgesteine, aber nie durch eine Gebirgsbildung erfasst wurden, sondern noch heute am Ort ihrer Ablagerung im Meer liegen.

Solche Gesteine liefern vor allem wertvolle Daten über die langsame, ungestörte Veränderung der frischen Meeresablagerungen zu einem Ablagerungsgestein. Nur selten hat ein wissenschaftliches Forschungsprogramm einen solchen Reichtum an Daten und Beobachtungen geliefert.

Wenn Ozeanboden entsteht ...

Unter den Ablagerungen der Ozeane erstreckt sich auch am Meeresboden ein Sockel aus kristallinen Gesteinen. Es sind vulkanische Laven mit einer besonderen chemischen Zusammensetzung, die wir in den Alpen als Grüngesteine oder Ophiolite kennengelernt haben. Diese Laven dringen in glutflüssigem Zustand aus der Tiefe auf, erstarren am Meeresboden und bilden Felder von Kissenlaven. Die Vermessung des Meeresbodens enthüllt, dass diese Laven entlang untermeerischen Hügelketten im Zentrum der Ozeane unmittelbar an der Oberfläche liegen. Diese Tausende von Kilometern langen Hügelketten nennt man Mittelozeanische Rücken. Besonders deutlich zieht sich der Mittelatlantische Rücken durch den Atlantischen Ozean von Island bis ins südliche Polarmeer; aber solche Rücken gibt es auch in allen anderen Ozeanen. Die Seismogramme des Meeresbodens zeigen an, dass auf den Rücken selbst kein oder nur wenig Material abgelagert wurde. Je weiter wir uns von der Achse eines Rückens entfernen, desto dicker werden die Meeresablagerungen. Der Schluss liegt nahe, dass der Meeresboden im Zentrum der Mittelozeanischen Rücken erst seit kurzer Zeit, auf den Flanken der Rücken seit längerer Zeit, dem Regen toter Schalen freischwebender, planktischer Organismen ausgesetzt war, mikroskopischer Schalen, die tatsächlich den grössten Teil der Ablagerungen des offenen Ozeans aufbauen. So ist die Mächtigkeit der 116
ozeanischen Ablagerungen ein erstes Argument, eine Quelle für die Neubildung von Meeresboden in den Mittelozeanischen Rücken zu suchen.

Gewisse Mineralien der Lava, die den Ozeanboden bildet, sind magnetisch, das heisst, sie reagieren auf das Magnetfeld der Erde wie eine Kompassnadel. Wenn solche Mineralien als kleine Kristalle in einer Schmelze schwimmen, so werden sie sich im statistischen Durchschnitt im Magnetfeld der Erde orientieren, sich wie Kompassnadeln auf den Nordpol der Erde ausrichten. Bei der Abkühlung der Schmelzen werden die Kompassnadeln durch die Erstarrung des Gesteins in dieser ausgerichteten Lage gefangen und fixiert. 116
Die magnetischen Mineralkörner bilden winzige Magnetfelder aus, deren durchschnittliche Richtung mit empfindlichen Geräten vom Schiff aus gemessen werden kann.

Wir wissen von ähnlichen Untersuchungen an übereinandergeschichteten Lavaströmen grosser Vulkane, dass das magnetische Erdfeld im Lauf der jüngsten Erdgeschichte mehrmals umgepolt wurde. Das heisst, dass Kompassnadeln im Lauf der erdgeschichtlichen Zeit einmal nach Süden

114
Kissenlava im zentralen Tal des Mittelatlantischen Rückens. Unterwasseraufnahmen der Unterseeboote während der Operation FAMOUS

114

und dann wieder nach Norden gezeigt haben. Eine einleuchtende Erklärung der Umpolung des magnetischen Erdfeldes kann es so lange nicht geben, als wir die Ursachen des Magnetismus der Erde nicht verstanden haben.

Die Messung der Magnetfelder von Mineralkörnern im Meeresboden ergibt, dass die Magnetnadeln im Ozeanboden streifenweise bald nach Norden, bald nach Süden gerichtet sind. Diese magnetischen Streifen sind ausserdem symmetrisch zur Achse der Mittelozeanischen Rücken ange-
116 ordnet. Ein solches magnetisches Muster kann nur entstehen, wenn der Meeresboden entlang der Mittellinie im Mittelozeanischen Rücken auseinanderfährt, das heisst, wenn immer neue Lava im Lauf der Zeit zu beiden Seiten der Mittellinie erstarrt und dem festen Meeresgrund angefügt wird, während gleichzeitig Umpolungen des Magnetfeldes der Erde stattfinden. Die magnetisierten Streifen am Meeresboden beweisen so nicht nur eine Erweiterung des Ozeanbodens in den Mittelozeanischen Rücken, sondern zeigen auch an, um welchen Betrag der Meeresboden in einer bestimmten Zeit auseinanderfuhr. Im Atlantik beträgt diese Erweiterung zwischen einem und drei Zentimetern pro Jahr. Da man zwischen dem Mittelatlantischen Rücken und den Kontinenten auf beiden Seiten des Atlantiks keine Spuren eines Verschwindens von Ozeanboden kennt, muss man annehmen, dass sich auch die Kontinente um Zentimeterbeträge pro Jahr verschieben.

Was man mit Fernmessungen vom Schiff aus über den Mittelatlantischen Rücken in Erfahrung gebracht hatte, wollte man nun auch aus unmittelbarer Anschauung an Ort und Stelle näher kennenlernen und nachprüfen. Zu diesem Zweck wurden die heute zur Verfügung stehenden Tiefseetauchboote aus Frankreich und Amerika über dem Mittelatlantischen Rücken zusammengezogen, um in einer gemeinsamen Forschungsoperation in das zentrale Tal des Rückens hinunterzutauchen. Diese Expedition zu einer Stelle, wo Ozeanboden heute entsteht, wird mit dem Kürzel ‹FAMOUS› bezeichnet. Sie hat nicht nur eine Theorie bestätigt, sie hat die Vorgänge auch direkt mit Bildern belegt, das heisst unmittelbar sichtbar gemacht.

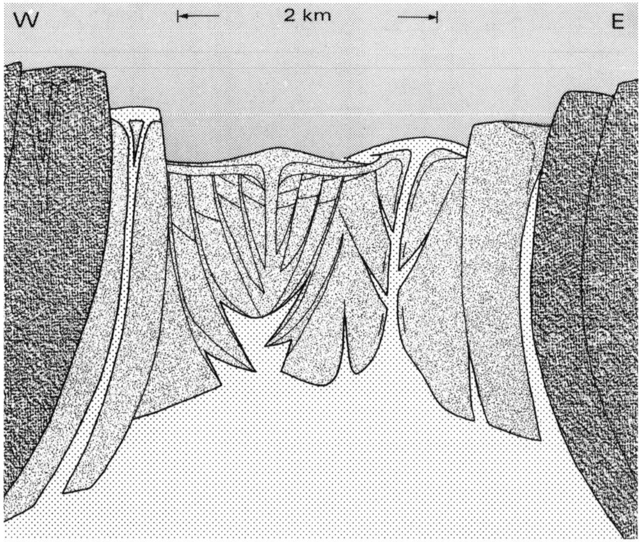

115

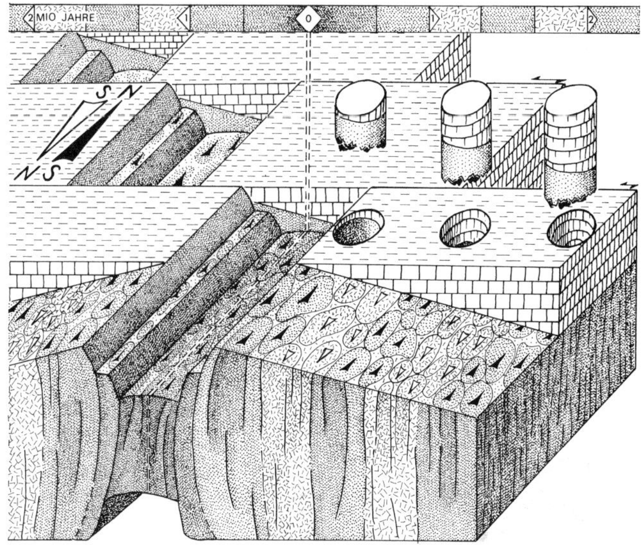

116

115
Querschnitt durch das zentrale Tal des Mittelatlantischen Rückens

116
Der Mittelatlantische Rücken. Schema zur Öffnungsmechanik der Ozeane

Das zentrale Tal des Mittelatlantischen Rückens ist etwa zwei Kilometer breit. Auf seinem Boden breitet sich eine hügelige Landschaft aus. Die Hügel sind junge, zum Teil heute noch aktive Vulkane, deren erstarrte Lavaströme und Felder aus Kissenlaven frei auf dem Meeresgrund liegen. Steile Bruchwände charakterisieren die Talränder. Tiefe Spalten platzen durch die Bewegung der Kruste auf und sind zum Teil so eng, dass sich eines der Tiefseetauchboote um ein Haar darin verfangen hätte.

Auf den Querbrüchen haben die Tauchboote heisse Quellen und Spuren von Vererzungen entdeckt, die vielleicht die Herkunft der Metalle in den weiter draussen auf dem Meeresgrund verstreuten Manganknollen erklären könnten.

Mit unendlicher Geduld haben die Wissenschafter Tausende von Messungen und Photographien dieses zentralen Teils des Mittelatlantischen Rückens wie ein grosses Zusammensetzspiel zunächst zu einer Landkarte kombiniert und daraus geologische Karten des Tals abgeleitet, wo heute neue Erdkruste entsteht. Die Anordnung der Vulkane im zentralen Tal des Mittelatlantischen Rückens weist auf einen brodelnden Vorgang, wo kleine Vulkane bald auf der Ostseite, bald auf der Westseite, bald in der Mitte des Tals aufbrechen, sich zu Hügeln aufbauen, in sich wieder zusammensacken und von der nächsten Vulkangeneration überdeckt oder durchbrochen werden. Die auf diese Weise 115
entstandene neue Erdkruste wird stufenweise an Brüchen längs des Talrandes emporgehoben und beidseits nach aussen geschoben, während auf den Terrassen nochmals späte vulkanische Ergüsse in die halbfertige Erdkruste eindringen.

... werden Kontinente verschoben

Die Bildung neuer Erdkruste im Ozean ist nicht nur heute, sondern schon seit langen geologischen Zeiten am Werk. Wo der vulkanische Untergrund des Meeresbodens so tief unter den Ablagerungen liegt, dass man die magnetische Streifung nicht mehr messen kann, oder wo während langer

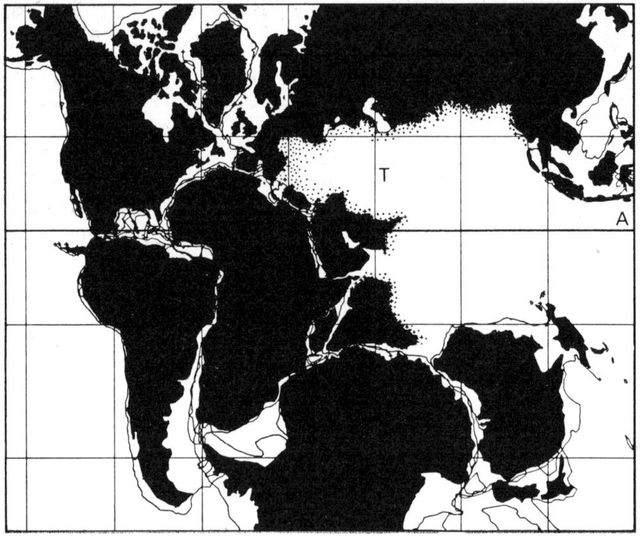

117

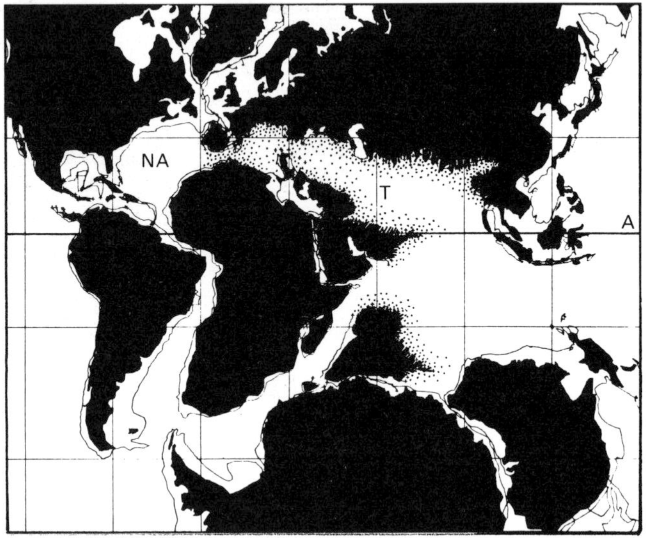

118

117
Die Kontinente am Ende der Triaszeit, vor 200 Millionen Jahren. Der Urkontinent bricht auseinander. A: Äquator, T: Tethys. Ausschnitt aus Weltkarte, Mercator-Projektion. Konturen nach Smith und Briden (1977)

118
Die Kontinente am Anfang der Kreidezeit, vor 120 Millionen Jahren: Öffnung des Nordatlantiks. Alpiner Ozean (Tethys) punktiert

geologischer Zeiten keine magnetische Umpolung stattfand, muss man das Alter des Meeresbodens bestimmen mit dem Alter der Ablagerungen, die sich unmittelbar nach seiner Entstehung darauf absetzten, das heisst mit den Versteinerungen in den untersten Schichten der Ablagerungsgesteine über dem vulkanischen Sockel. Die Bohrungen der ‹Glomar Challenger› haben genügend solcher Daten erbracht, um das Alter des Meeresbodens auf einer Karte aufzutragen. Je weiter vom Mittelatlantischen Rücken ein Stück des Ozeanbodens entfernt ist, desto älter sind die untersten Schichten der Ablagerungen auf dem vulkanischen Untergrund. Die geologische Karte des Atlantiks wird also auch ein Streifenbild ergeben, das in Beziehung zur Achse des Mittelatlantischen Rückens symmetrisch angeordnet sein muss. Mit Hilfe einer solchen Kartierung über die ganze Breite des Ozeans hinweg können wir auch die Bewegungen der Kontinente im Lauf der Erdgeschichte stadienweise verfolgen.

Schon Wegener war 1915 aufgefallen, dass die Kontinentalränder Afrikas und Amerikas aufeinanderpassen, wenn man sie zusammenrückt. Auffällig war auch, dass Gebirge und Ablagerungsbecken auf beiden Seiten des Atlantiks sich ergänzen. Die Pflanzenwelt am Ende des Erdaltertums in Indien, Südafrika und Südamerika ist durch viele besondere Pflanzenarten ausgezeichnet, die anderswo nicht vorkommen. Man nennt sie Gondwana-Floren. Sogar die afrikanischen Erdölvorkommen in Angola und Gabon gleichen denjenigen Brasiliens. Sie sind nicht nur gleich alt, sondern haben auch eine gemeinsame, sehr besondere chemische Zusammensetzung und damit eine identische geologische Geschichte hinter sich. Alle diese und viele andere Indizien ergeben nur einen Sinn, wenn man die heutigen Kontinente zu einem einzigen Altkontinent vereinigt, der am Ende des Erdaltertums, vor rund zweihundert Millionen Jahren, vorhanden gewesen sein muss und im Lauf der späteren 117–
Erdgeschichte in die heutigen Kontinente zerbrach. 120

Seit Wegener im Jahr 1915 aus den damals bekannten Indizien seine geniale Theorie über die Kontinentalverschie-

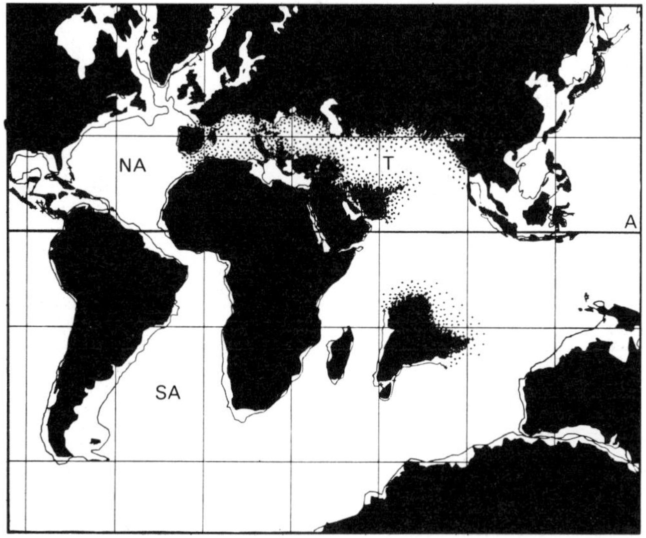

119

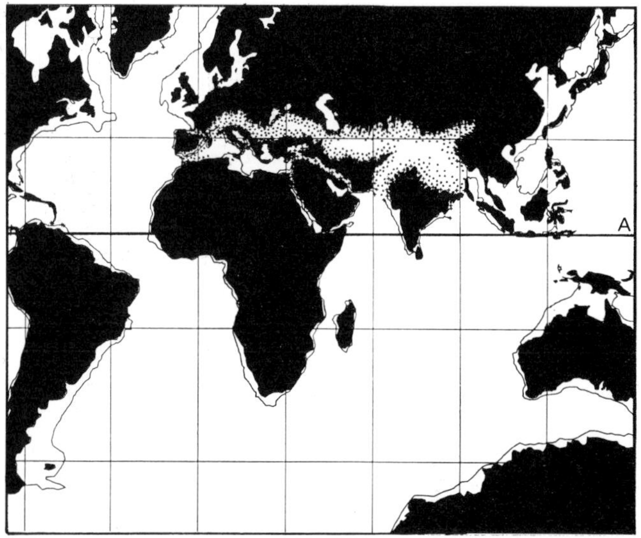

120

119
Die Kontinente am Anfang der Erdneuzeit, vor 60 Millionen Jahren: Öffnung des Südatlantiks. Durch die Drehung Afrikas ist der alpine Ozean eingeengt (punktiert)

120
Die Kontinente am Ende der Eozänzeit, vor 40 Millionen Jahren: Nur im östlichsten Teil der Tethys bleibt noch Ozeanboden erhalten

bung entwickelt hatte, haben sich die Kontinente tatsächlich um etwa einen halben Meter weiter verschoben, wie wir heute mit Messungen am Ozeanboden nachweisen können. Ausserdem lassen die zahlreichen Seismogramme, die den Meeresboden des Atlantiks über grosse Distanzen kreuz und quer durchleuchten, eine Existenz von Kontinenten, die (wie das sagenhafte Atlantis) in diesem Ozean versunken wären, im Lauf der jüngeren Erdgeschichte nicht zu. Die Kenntnis des Untergrundes der Ozeanböden erlaubt so, die Verschiebung der Kontinente nicht nur zu beweisen, sondern im einzelnen zu messen. Die Lage der Kontinente im Lauf der letzten zweihundert Millionen Jahre — rekonstruiert mit Hilfe der Entstehungsgeschichte der Ozeanböden — gibt dem Alpengeologen einen Hinweis darauf, dass Ozeane auch heute noch entstehen und sich ausweiten. Damit wird die Rekonstruktion des ozeanischen Raums, aus dem die Alpen entstanden sind, verständlich. Warum soll früher ein Vorgang nicht möglich gewesen sein, der heute, an anderer Stelle, beobachtet werden kann? Ausserdem gibt uns die Lage der Kontinente im Lauf der Erdgeschichte auch einen geographischen Rahmen, der die Dimensionen des alpinen Meeres absteckt und zeigt, dass und wieviel Raum zwischen den grossen Kontinenten vorhanden war, den der Ozean der Alpen ausfüllen konnte.

Wo Ozeanboden verschwindet, werden Gebirge aufgetürmt

Wir haben gute Gründe, anzunehmen, dass sich der Durchmesser der Erde im Lauf der letzten zweihundert Millionen Jahre nicht wesentlich geändert hat. Deshalb muss, wenn irgendwo neuer Ozeanboden entsteht, alter Boden verschwinden. Der Verlauf von Erdbebenwellen lässt uns die Zonen, wo Erdkruste heute verschwindet, in der Nähe von Tiefseegräben vermuten. Am deutlichsten ist das der Fall an der Westküste des amerikanischen Kontinents, die von Tiefseegräben begleitet wird. Hier wird Ozeanboden auf einer kontinentwärts abgewinkelten, schiefen Bahn unter die

Kontinente gedrückt. Die Lage der tiefliegenden Erdbeben, deren Herde anhand des Verlaufs der Erdbebenwellen ausgemessen werden können, bezeichnet deutlich die schiefen
80 Bahnen, auf denen der abtauchende Ozeanboden gegen den Sockel des Kontinents kratzt und diesen erschüttert. Flachere Erdbeben sind häufig auch an andere geologische Ursachen geknüpft, zum Beispiel an die Tätigkeit von Vulkanen. Ihre Herde liegen meist ausserhalb der erwähnten Bahnen.
Wo Ozeanboden unter Kontinente geschoben wird, müssen Gewalten unter der Erdkruste am Werk sein, die die Krustenteile gegeneinander in Bewegung setzen. Diese parallel zur Erdoberfläche wirkenden Kräfte bewirken die Gebirgsbildung, das heisst die Faltung und Überschiebung von Splittern des Kontinents über der abtauchenden ozeanischen Kruste. Am Westrand des amerikanischen Kontinents entsteht gleichzeitig auch eine Kette grosser Vulkane, deren Lava aus Kammern im Untergrund stammt. Man vermutet, dass die Entstehung der Lavakammern mit der Reibung des abtauchenden Ozeanbodens am Sockel des überlagernden Kontinents in engem Zusammenhang steht.

Die Erdkruste, ein Mosaik aus Platten

Mittelozeanische Rücken und Tiefseegräben sind also Anzeichen dafür, dass Ozeanboden entsteht oder vergeht. Trägt man diese Zonen auf einer Weltkarte auf, so entsteht ein Mosaik von Platten, die sich gegeneinander bewegen. Die Verteilung junger Gebirge, aktiver Vulkane und vor allem der Erdbebenherde zeichnet dieses Muster nach. Das Mosaik vieleckiger, unregelmässiger Platten, die die Haut der Erde unterteilen, hat der modernen Theorie von der Verschiebung der Kontinente den Namen Plattentektonik eingetragen.
Da die sich gegeneinander bewegenden Platten nicht gleichförmig ausgebildet sind, sondern unregelmässige Umrisse haben, die unabhängig von der Geschwindigkeit der Bewegung sind, läuft die Bewegung in schiefen Winkeln gegeneinander. Wenn unter diesen Umständen in der Erdkruste nicht Lücken entstehen sollen, müssen wir die Unterschiede zwischen den Beträgen der Krustenbewegung mit seitlichen Verschiebungen ausgleichen. Deshalb ist auch der S-förmig geschwungene Mittelatlantische Rücken von unzähligen Querbrüchen durchsetzt, die ihn in kleine,
seitlich gegeneinander verschobene Schollen unterteilen. 116
Seitliche Verschiebungen grossen Ausmasses, wie wir sie auch vom Südfuss der Alpen kennen, gehen auf die unterschiedliche Öffnungsgeschichte des Nord- und des Südatlantiks zurück. Sie sind mitverantwortlich für die Bogenbildung der alpinen Gebirge, wie zum Beispiel in den französischen Alpen oder im Gebirgsbogen von Gibraltar.
Überall, wo grosse Deckengebirge entstanden waren, sind nach der Gebirgsbildung Löcher in den Kontinenten eingebrochen. Auf der Karte erscheinen solche Löcher als Randmeere der grossen Ozeane, mit einem annähernd kreisrunden Umriss, wie zum Beispiel das Schwarze Meer oder die Tyrrhenis im nordwestlichen Mittelmeer. Manchmal werden solche Löcher so schnell wieder aufgefüllt, dass sie – wie das Wiener Becken heute – über Meereshöhe liegen. Die Entstehung solcher Randmeere und Senken ist wissenschaftlich umstritten. Viele Forscher möchten ihre Entstehung mit einer Kontinentaldrift kleinsten Ausmasses erklären. So verstehen sie etwa Korsika und Sardinien als Splitter eines Kontinents, die sich von Spanien gelöst hätten und nach Osten gedriftet wären. Wahrscheinlicher ist, dass tatsächlich Teile eines Kontinents senkrecht nach unten absinken können. Wie das abgesunkene Material unter der Kruste weggeschmolzen und wohin es abtransportiert wird, wissen wir allerdings nicht. So erwarten noch viele fragliche Einzelheiten der Plattentheorie eine Vertiefung der geologischen Untersuchungen zu Wasser und zu Lande.

Gemeinsame Kräfte lassen Gebirge und Ozeane entstehen

Die Plattentheorie zeigt auf, dass die Bildung aller Gebirge der Erdneuzeit, die man generell als alpine Gebirgsketten bezeichnet, und die Entstehung der Ozeane auf gemeinsame Kräfte zurückzuführen sind. Aus dem Plattenmuster wird ersichtlich, wo und warum ein Ozean von mindestens tausend Kilometern Breite zwischen den Rändern eines nördlichen und eines südlichen Kontinents im Lauf der letzten zweihundert Millionen Jahre entstanden und wieder verschwunden ist. Die Plattentheorie zeigt, dass die Rekonstruktion des alpinen Ozeans aufgrund der Sprache der Steine kein Phantasieprodukt der Geologen ist, sondern einem Vorgang entspricht, den wir auch heute miterleben. Immerhin müssen wir die Vorstellungen, die wir aus dem heutigen Atlantik gewonnen haben, in einem wichtigen Punkt abändern, um sie auf die Alpen übertragen zu können: Während die Wanderung des amerikanischen Kontinents nach Westen in den offenen Pazifik hinaus auf kein kontinentales Hindernis stossen kann, sind die Alpen aus dem Zusammenstoss zweier Kontinente entstanden. Nachdem der nur tausend Kilometer breite Ozean durch den ersten Zusammenschub der Alpen ‹aufgebraucht› war, die gebirgsbildende Kraft aber weiterbestand, sind auch die kontinentalen Krusten in die Gebirgsbildung einbezogen worden. Nur kleine Splitter der Sockel beider Kontinente – und erst recht nur kümmerliche Reste des Ozeanbodens – sind in das Deckengebäude aufgenommen worden. Der Rest des Materials verschwand in der Tiefe und geriet unter die Haut der Erde.

Niemand weiss mit Sicherheit zu sagen, welches die treibenden Kräfte sind, die unter der Erdhaut den Motor für die Bewegungen der Platten und damit letztlich für die Auffaltung der Gebirge darstellen. Wohl hat man Vorstellungen über walzenförmige Strömungen in einem zähflüssigen Material (das man sich wie ausfliessenden Camembert-Käse vorstellen müsste), aber die Kugelschalen der Erde unterhalb der Erdkruste, in einer Tiefe von zehn Kilometern unter den Ozeanen und von vierzig Kilometern unter den Kontinenten, sind bisher von keiner Bohrung erreicht worden. Alles, was wir über das Erdinnere wissen, müssen wir aus dem gebrochenen Verlauf der Wellen natürlicher Erdbeben ablesen. Dieser Verlauf sagt eigentlich nicht viel mehr aus, als dass das Erdinnere aus einem Kern und mehreren Schalen besteht.

200 Millionen Jahre Geschichte der Alpen

Im Lichte der Plattentheorie und aufgrund der Natur sowie
der Lage der Gesteine in den Alpen muss man die Entste-
hung des alpinen Gebirges folgendermassen nachzeichnen:
Während der Triaszeit, vor rund zweihundert Millionen
Jahren, zerbricht der gemeinsame Altkontinent in Stücke. 121
Gräben füllen sich mit Land- und Lagunen-Ablagerungen,
mit roten Tonen, Sandsteinen und mit den Ausfällungen aus
dem Meerwasser (das in den Lagunen eingedampft wird),
also mit Kalk, Gips und Steinsalz. Nur in südwestlicher
Richtung öffnet sich ein Flachmeer, dessen Ablagerungen
später auf den Südkontinent beschränkt bleiben.

Während der Jurazeit, vor etwa hundertfünfzig Millionen 122
Jahren, fahren die Kontinente auseinander. Es bilden sich
Kontinentalränder, deren Treppenstufen gegen einen offe-
nen Ozean abbrechen. Der Ozean erweitert sich bis zu einer
Breite in Nord-Süd-Richtung von etwa tausend Kilometern.
Weite Teile des Nordkontinents und kleinere Teile des
Südkontinents stehen unter einer seichten Meeresbedek-
kung.

In der Kreidezeit, vor etwa hundert Millionen Jahren,
schliesst sich der Ozean wieder, indem die Kruste des
Ozeans unter den Südkontinent geschoben wird. Der Rand 123
des Nordkontinents entwickelt sich ohne wesentliche Ände-
rung seiner Struktur weiter. Am Ende der Kreidezeit ziehen
sich die Flachmeere sowohl vom Nordkontinent als auch
vom Südkontinent zurück. Die Kontinente werden erneut
der Abtragung ausgesetzt und liefern vermehrt Material in
das jetzt sehr eng gewordene alpine Meer. Im östlichen Teil
der Alpen ist um diese Zeit der freie Ozeanboden schon völlig
verschwunden. Die kontinentalen Sockel beginnen schon
aufzusplittern und sich zu verteilen. Teile des Südkontinents
schieben sich auf den Nordkontinent, bilden aber gleichzei-
tig den Untergrund eines Kreide-Flachmeeres, dessen Abla-
gerungen deutliche Spuren der Bewegung konservieren
werden.

Am Anfang der Erdneuzeit, vor etwa vierzig Millionen 124
Jahren, werden die kontinentalen Sockel von der Gebirgsbil-

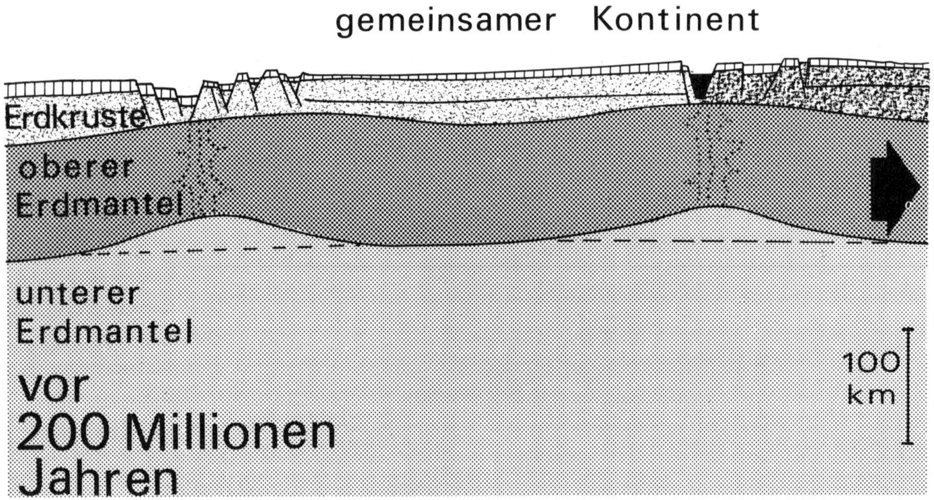

121

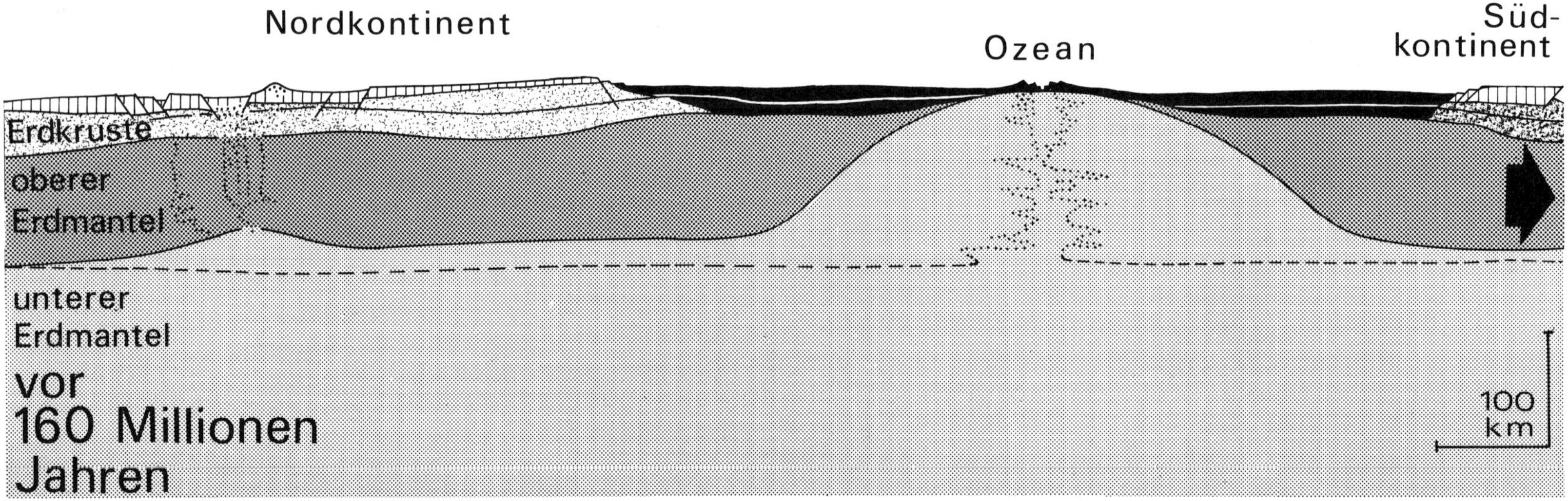

122

dung auf ihrer ganzen Breite erfasst. Gleichzeitig lösen sich vielerorts die Schichtstapel der Ablagerungsgesteine von ihrem kristallinen Untergrund und werden in eigene Decken gelegt, die über weite Entfernungen von Süden nach Norden fahren. Einzelne Splitter der kontinentalen Sockel, kleine Reste des Ozeanbodens und die abgelösten Ablagerungsgesteine bilden einen grossen Deckenstapel. Die oberen Stockwerke des Deckenstapels enthalten Material, das vom Südkontinent stammt, die unteren Stockwerke sind aus Teilen des Nordkontinents aufgebaut.
Anschliessend hebt sich der Gebirgskörper ein erstes Mal über Meeresniveau und bildet die ersten Berge, welche sofort der Verwitterung ausgesetzt sind. Der Schutt einer ersten Abtragung sammelt sich als Molasse in breiten Längsrinnen entlang der Bergkette.
Eine letzte Bewegungsphase beginnt vor fünfundzwanzig Millionen Jahren und dauert bis zu einem Zeitpunkt vor etwa zwei Millionen Jahren an.
Während die zentralen Teile der Deckenstapel relativ ruhig

an der Oberfläche schwimmen, hat sich die Bewegungsfront aus der Tiefe keilförmig auf den Nord- und Südrand der Alpen übertragen. Am Südrand der Alpen drückt sich diese letzte Bewegungsphase durch Verfaltungen und Überschiebungen aus, die nach Süden gerichtet sind, während am Nordrand der Alpen auch der Rand des Molassebeckens in eine nordwärts gerichtete Bewegung einbezogen und nordwärts überschoben wird. Während das Gewicht des zentralen Teils der Molasse eine Auffaltung der darunterliegenden Ablagerungsgesteine unterdrückt, kann sich der Gebirgsdruck weiter nördlich wieder auswirken und die Falten des Jura entstehen lassen.

Seit dieser Zeit hebt sich der Gebirgskörper an bestimmten Stellen stärker als an andern. Wo die Aufwölbung am stärksten war, hat auch die Abtragung am schnellsten ihre Einwirkung gezeitigt und die tiefsten Stockwerke des Gebirgsbaus freigelegt. Die Ausgestaltung der alpinen Landschaft, wie wir sie heute erleben, ist zum grössten Teil auf die Wirkung der Gletscher während der Eiszeit zurückzuführen, auch wenn die Abtragung weitergeht und an der Form der Berge noch heute weiterarbeitet.

Während man über die Geologie der Alpen verhältnismässig viel und über die alpinen Bergketten rund um das Mittelmeer noch recht gut Bescheid weiss, werden die geologischen Kenntnisse immer lückenhafter, je weiter man nach Osten geht. Dort, wo die Berge am höchsten werden, im Himalaja, sind die Kenntnisse am spärlichsten. So gibt es noch viel zu tun, um die Sprache der Steine in den Alpen und in allen andern alpinen Gebirgen noch besser verstehen zu lernen und um die Bewegungen der Erdkruste während der jüngsten Erdgeschichte noch genauer nachzuzeichnen. Die wichtigste Errungenschaft der Plattentheorie ist nicht ihre Aussage an sich, sondern besteht darin, dem Geologen und dem Meeresforscher mit neuen Fragen neue Aufgaben zu stellen, die das Erforschen der Gebirge und Ozeane in nah und fern zu einer neuen Freude werden lässt.

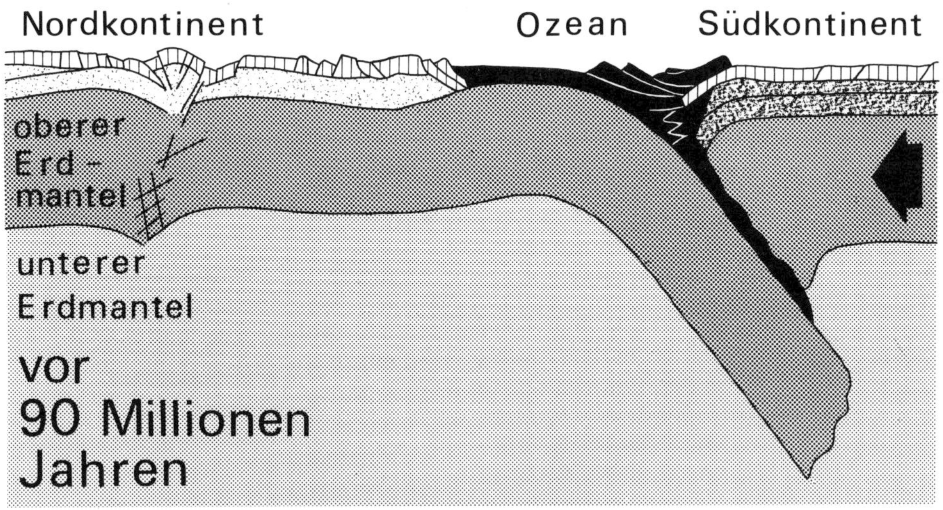

123

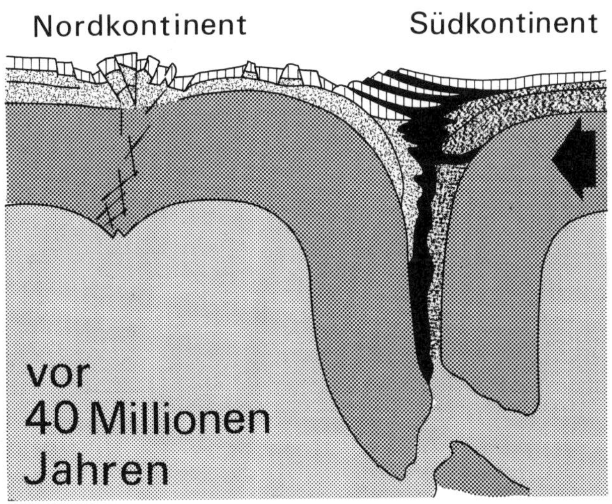

124

< **121**
Alpine Erdkruste im Schnitt von Norden nach Süden in der Triaszeit: Der Urkontinent zerbricht

< **122**
In der Jurazeit: Der alpine Ozean (Tethys) öffnet sich

123
In der Kreidezeit: Der alpine Ozean schliesst sich

124
In der Erdneuzeit: Die Kontinente verkeilen sich. Abb. 121–124 nach Laubscher (1974)

Bildnachweis

Farbe: Abb. 57, 58, 95, 104, 105 und Einband-Rückseite: Wild & Co., Heerbrugg, mit Luftphotoobjektiv Wild RC 10, f = 15 cm. Abb. 19: NASA 69 HC188. Abb. 29–31, 34, 92, 94 und Titelbild: Tony Flaad. Alle übrigen aus dem Fernsehfilm ‹Wenn Steine sprechen› des Autors.
Schwarzweiss: Abb. 24, 45, 72, 78: R. Riggenbach. Unterwasseraufnahmen: Abb. 21: G. Guldenschuh. Abb. 46, 50: R. Reber. Abb. 114: CNEXO (Paris). Abb. 98: Ch. Tomek. Alle übrigen und Graphiken: Autor.

Weiterführende Literatur

Allgemeine Geologie mit besonderer Berücksichtigung der Rohstoff- und Energiefragen

Negendank, J. (1978): *Geologie, die uns angeht.* In: Proske, R. (Hrsg.): Aktuelles Wissen. Bertelsmann, Gütersloh.

Autorenkollektiv (1978): *Das Buch vom Erdöl,* 4. Aufl. Deutsche BP: Reuter & Klöckner, Hamburg.

Alpengeologie

Gwinner, M. (1971): *Geologie der Alpen.* Schweizerbart, Stuttgart.

Tollmann, A. (1977): *Geologie von Österreich.* Bd. 1: Die Zentralalpen. Deuticke, Wien.

Exkursionsführer in den Alpen

Campredon, R., und Boucarut, M. (1975): *Alpes Maritimes, Maures, Esterel.* Guides géologiques régionaux. Masson, Paris.

Debelmas, J. (1970): *Alpes (Savoie et Dauphiné).* Guides géologiques régionaux. Masson, Paris.

Küpper, H. (Hrsg.) (1964): *Geologischer Führer zu Exkursionen durch die Ostalpen.* Mitt. geol. Ges. Wien, Bd. 57, H. 1.

Labhard, T. P. (1977): *Aarmassiv und Gotthardmassiv.* Sammlung geologischer Führer, Bd. 63. Bornträger, Berlin.

Richter, M. (1966): *Allgäuer Alpen.* Sammlung geologischer Führer, Bd. 45. Bornträger, Berlin.

– (1979): *Vorarlberger Alpen.* Sammlung geologischer Führer, Bd. 49. Bornträger, Berlin.

Autorenkollektiv (1958–1960): *Schweizerische Alpenposten* (Postführer). Generaldir. PTT, Bern [soweit noch erhältlich].

Autorenkollektiv (1967): *Geologischer Führer der Schweiz.* Wepf, Basel.

Autorenkollektiv (1980): *Geology of Switzerland, a Guide-Book.* Wepf, Basel & New York.

Adresse des Autors:
Professor Lukas Hottinger
Geologisch-paläontologisches Institut
der Universität Basel
Bernoullistrasse 32, 4056 Basel